延庆区平原生态林常见有害生物识别及防控技术

◎ 王长民　主编

中国农业科学技术出版社

图书在版编目（CIP）数据

延庆区平原生态林常见有害生物识别及防控技术 / 王长民主编 . -- 北京 : 中国农业科学技术出版社，2024. 10. -- ISBN 978-7-5116-7119-6

Ⅰ . S763

中国国家版本馆 CIP 数据核字第 202497JB56 号

责任编辑　倪小勋
责任校对　马广洋
责任印制　姜义伟　王思文

出 版 者	中国农业科学技术出版社
	北京市中关村南大街 12 号　邮编：100081
电　　话	（010）62111246（编辑室）　（010）82106624（发行部）
	（010）82109709（读者服务部）
网　　址	https://castp.caas.cn
经 销 者	各地新华书店
印 刷 者	北京科信印刷有限公司
开　　本	185 mm×260 mm　1/16
印　　张	12.25
字　　数	260 千字
版　　次	2024 年 10 月第 1 版　2024 年 10 月第 1 次印刷
定　　价	68.00 元

版权所有 · 翻印必究

《延庆区平原生态林常见有害生物识别及防控技术》
—— 编委会 ——

主　　任：马向东

副 主 任：张　兵　庞月龙

委　　员：吴　峥　赵　宇　苗　杰

主　　编：王长民

参　　编：吴　峥　赵　宇　林　永　刘海同　苗　杰
　　　　　李敬辰　路海艳　李喜华　黄　珊　徐　洋
　　　　　张　岳　王长月　陆克安　张淑霞　张伟焜
　　　　　王海霞　帅立新　吴建光　詹　民　张丽新
　　　　　李凤华　李来宸

照片提供：王长民　杨金彪　王长月　高立丽　王雪杰

（书中图片注明拍摄者的除外，全部为王长民拍摄）

序
PREFACE

　　延庆区位于北京市西北部，是首都的重要生态涵养区，素有北京"夏都"之称。延庆区以山区为主，平原面积占1/4，其中的平原造林、道路绿化、河网绿化、环城绿带等平原生态林，也是构成首都绿色屏障和后花园的重要组成部分。平原生态林更易遭受有害生物的危害，为此王长民先生等精心编写了《延庆区平原生态林常见有害生物识别及防控技术》一书，旨在为延庆区平原生态林有害生物防控提供解决方案。

　　《延庆区平原生态林常见有害生物识别及防控技术》收录了延庆区林业有害生物122种，按树种分别介绍了油松、杨柳、榆树、落叶松、槐树和其他植物的有害昆虫共107种，并对主要树种的11种病害和4种有害植物进行了概述。每一种有害生物，都以图片与文字对照的形式介绍了有害生物的识别特征、为害特点及发生规律，有针对性地提出了可操作的防治措施。最后，还提供了延庆区林业有害生物防治的时间表、农药使用法规政策和重点林业有害生物防控工作概况等。

　　《延庆区平原生态林常见有害生物识别及防控技术》的出版，不仅可为延庆区平原生态林有害生物防控提供有针对性的参考和指导，对北京市乃至京津冀地区平原生态林有害生物防控都有重要的参考价值，是基层专业技术人员、社会化防治公司和科普宣传的重要工具书。

中国科学院动物研究所　研究员

2024年10月10日

前言
PREFACE

平原生态林,顾名思义是指在平原川区或低山浅山区生长的林木。延庆区辖区面积为 199 375 hm²(1 993.75 km²),平原面积占 26.2%,面积 52 236.25 hm²,多是缓倾斜洪水冲积平原,地势平坦开阔,偶有丘陵点缀,草丰林茂,草原、河川交相辉映,地类主要有建设用地、河湖湿地、基本农田、村边片林、经济林、苗圃、城区(乡镇镇区)园林绿化用地等构成。

多年来,北京市延庆区始终坚持生态立区理念,全面实施生态文明发展战略,全面推进"两山"理论实践创新基地建设,矢志不渝开展生态环境建设。

在平原地区森林资源管理方面,延庆区以林长制为依托,以推进新型集体林场建设为途径,以"调密度、补幼苗、沃土壤、防病虫、丰物种"为主要措施,对延庆生态林进行精准养护管理,开展林分结构调整、林下补栎,建设生态保育小区,实施生物多样性保护,提升生态系统多样性、稳定性和持续性。

在林业有害生物防控方面,延庆区严格检疫检查,减少松材线虫病等外来林业有害生物的入侵威胁;通过设置监测点、悬挂诱捕器等措施对有害生物发生以及危害进行精准监测;通过缠裹粘虫胶带、围裹麻袋片阻虫网等措施减少有害生物的危害;采用性引诱剂、悬挂不同颜色的粘虫板对有害生物进行防治;通过无人机喷洒无公害药剂对有害生物进行防控。通过上述途径,使得延庆区林业有害生物成灾率控制在 1‰ 以下,无公害防治率达到 95% 以上,测报准确率达到 95% 以上,种苗产地检疫率达到 100%。

本书筛选延庆区主要林业有害生物 122 种,其中油松害虫 11 种,杨柳树害虫 26 种,榆树害虫 19 种,落叶松害虫 5 种,槐类害虫 7 种,其他害虫 39 种,病害

11 种,有害植物 4 种。本书重点介绍了每种有害生物的中文名、拉丁名、分类地位、识别特征、寄主植物、发生特点及防治措施等内容。全书共编选有害生物生态照片及典型症状照片 313 张。同时本书还编辑整理了中文索引、拉丁文索引作为附件。

本书从延庆平原地区监测到的常见林业有害生物入手,根据工作经验并借鉴科研资料对这些有害生物防控提出了具体措施,具有较强的操作性。这为做好延庆地区林业有害生物防控提供了良好的借鉴,并为延庆乡镇集体林场开展林业有害生物科普培训起到了指导作用。

本书的出版,得到了北京市园林绿化局、北京市园林绿化资源保护中心和北京市林业有害生物防控协会的大力支持,在此表示衷心感谢。因时间仓促、编写人员水平有限,书中疏漏和不足在所难免,敬请批评指正。

编 者

2024 年 10 月 10 日

目 录
CONTENTS

第一章 油松害虫 ····· 1

1 红脂大小蠹 *Dendroctonus valens* Le Conte ····· 2
2 纵坑切梢小蠹 *Tomicus piniperda* (Linnaeus) ····· 3
3 松阴吉丁 *Phaenops yin* Kubáň & Bíly ····· 4
4 松幽天牛 *Asemum striatum* (Linnaeus) ····· 6
5 小灰长角天牛 *Acanthocinus griseus* (Fabricius) ····· 6
6 松梢象（松黄星象） *Pissodes nitidus* Roelofs ····· 7
7 松树皮象 *Hylobitelus haroldi* Faust ····· 8
8 松梢螟（微红梢斑螟） *Dioryctria rubella* Hampson ····· 9
9 油松毛虫 *Dendrolimus tabulaeformis* Tsai et Liu ····· 10
10 延庆腮扁叶蜂 *Cephalcia yanqingensis* Xiao ····· 12
11 黑胫腮扁叶蜂 *Cephalcia nigrotibialis* Wei ····· 14

第二章 杨柳树害虫 ····· 17

12 黑绒金龟（东方绢金龟） *Maladera orientalis* (Motschulsky) ····· 18
13 光肩星天牛 *Anoplophora glabripennis* (Motschulsky) ····· 19
14 青杨天牛（青杨楔天牛） *Saperda populnea* (Linnaeus) ····· 19
15 柳蓝叶甲（柳圆叶甲） *Plagiodera versicolora* (Laicharting) ····· 21
16 柳十八斑叶甲（柳十八星叶甲/柳九星叶甲） *Chrysomela salicivorax* (Fairmaire) ··· 22
17 杨叶甲 *Chrysomela populi* (Linnaeus) ····· 23
18 梨卷叶象（梨金象） *Byctiscus betulae* (Linnaeus) ····· 25
19 杨潜叶跳象 *Tachyerges empopulifolis* (Chen) ····· 26

20 杨柄叶瘿绵蚜 *Pemphigus matsumurai* Monzen	28
21 杨枝瘿绵蚜 *Pemphigus immunis* Buckton	29
22 毛白杨皱叶瘿螨 *Eriophyes disoar* Nalepa	29
23 呢柳刺皮瘿螨 *Aculops niphocladae* Keifer	31
24 草履蚧 *Drosicha corpulenta* (Kuwana)	32
25 柳蜷叶蜂 *Amauronematus saliciphagus* Wu	33
26 柳厚壁叶蜂 *Pontania bridgmannii* Cameron	34
27 杨扁角叶蜂 *Stauronematus compressicornis* (Fabricius)	35
28 黄连木尺蛾 *Culcula panterinaria* (Bremer et Grey)	36
29 春尺蛾（春尺蠖）*Apocheima cinerarius* Erschoff	38
30 杨小舟蛾 *Micromelalopha sieversi* (Staudinger)	39
31 杨扇舟蛾 *Clostera anachoreta* (Fabricius)	41
32 杨二尾舟蛾（柳二尾舟蛾）*Cerura menciana* Moore	42
33 柳丽细蛾 *Caloptilia chrysolampra* (Meyrick)	43
34 白杨透翅蛾 *Paranthrene tabaniformis* (Rottemburg)	44
35 柳毒蛾（杨雪毒蛾）*Leucoma candida* (Staudinger)	45
36 杨毒蛾（柳雪毒蛾、雪毒蛾）*Leucoma salicis* (Linnaeus)	47
37 杨枯叶蛾（杨褐枯叶蛾）*Gastropacha populiolia* Esper	48

第三章　榆树害虫 49

38 红足壮异蝽 *Urochela quadrinotata* Reuter	50
39 秋四脉绵蚜 *Tetraneura akinire* Sasaki	51
40 榆近脉三节叶蜂 *Aproceros leucopoda* Takeuchi	52
41 榆红胸三节叶蜂 *Arge captiva* (Smith)	53
42 榆凤蛾 *Epicopeia mencia* Moore	55
43 榆黄足毒蛾（榆毒蛾）*Ivela ochropoda* (Eversmann)	56
44 折带黄毒蛾 *Euproctis flava* (Bremer)	57
45 榆剑纹夜蛾 *Acronicta hercules* (Felder & Rogenhofer)	58
46 榆斑蛾 *Illiberis ulmivora* Graeser	59
47 榆掌舟蛾 *Phalera takasagoensis* (Matsumura)	60
48 榆绿天蛾 *Callambulyx tatarinovi* (Bremer et Grey)	61
49 榆绿毛萤叶甲（榆蓝叶甲）*Pyrrhalta aenescens* (Fairmaire)	63
50 榆黄毛萤叶甲（榆黄叶甲）*Pyrrhalta maculicollis* (Motschulsky)	64
51 榆紫叶甲 *Ambrostoma quadriimpressum* (Motschulsky)	65
52 榆跳象 *Orchestes alni* (Linnaeus)	66

53 榆锐卷叶象 *Tomapoderus ruficollis* Fabricius ······67
54 白钩蛱蝶 *Polygonia c-album* (Linnaeus) ······68
55 黄钩蛱蝶 *Polygonia c-aureum* (Linnaeus) ······69
56 大红蛱蝶 *Vanessa indica* (Herbst) ······70

第四章　落叶松害虫······71

57 落叶松球蚜 *Adelges laricis* Vallot ······72
58 落叶松叶蜂 *Pristiphora erichsonii* (Hartig) ······73
59 落叶松腮扁叶蜂 *Cephalcia lariciphila* (Wachtl) ······74
60 落叶松尺蛾 *Erannis ankeraria* (Staudinger) ······75
61 落叶松毛虫 *Dendrolimus superans* (Butler) ······76

第五章　槐类害虫······79

62 刺槐叶瘿蚊 *Obolodiplosis robiniae* (Haldemann) ······80
63 槐蚜 *Aphis sophoricola* Zhang ······81
64 槐豆木虱 *Cyamophila willieti* (Wu) ······82
65 锈色粒肩天牛 *Apriona swainsoni* (Hope) ······83
66 国槐尺蛾 *Semiothisa cinerearia* (Bremer & Grey) ······84
67 槐羽舟蛾 *Pterostoma sinicum* (Moore) ······86
68 刺槐掌舟蛾 *Phalera grotei* (Moore) ······87

第六章　其他害虫······89

69 双条杉天牛 *Semanotus bifasciatus* (Motschulsky) ······90
70 白蜡窄吉丁 *Agrilus planipennis* Fairmaire ······91
71 葡萄十星叶甲（十星瓢萤叶甲）*Oides decempunctata* (Billberg) ······92
72 黑跗曲波萤叶甲 *Doryxenoides tibialis* Laboissière ······93
73 黄栌胫跳甲（黄栌直缘跳甲、黄点直缘跳甲）*Ophrida xanthospilota* Baly ······94
74 中华萝藦叶甲 *Chrysochus chinensis* Baly ······95
75 栎长颈象 *Paracycnotrachelus chinensis* (Jekel) ······96
76 梨星毛虫 *Illiberis pruni* Dyar ······97
77 草地螟（网锥额野螟）*Loxostege sticticalis* (Linnaeus) ······98
78 黄杨绢野螟 *Diaphania perspectalis* (Walker) ······99
79 缀叶丛螟 *Locastra muscosalis* (Walker) ······100
80 黄刺蛾 *Cnidocampa favescens* (Walker) ······102

81	扁刺蛾 *Thosea sinensis* (Walker)	103
82	中国绿刺蛾 *Parasa sinica* Moore	104
83	褐边绿刺蛾 *Parasa consocia* Walker	105
84	梨娜刺蛾 *Narosoideus flavidorsalis* (Staundinger)	106
85	纵带球须刺蛾 *Scopelodes contracta* Walker	107
86	丝棉木金星尺蛾 *Abraxas suspecta* Warren	108
87	大造桥虫 *Ascotis selenaria* (Denis et Schiffermüller)	109
88	女贞尺蛾 *Naxa seriaria* (Motschulsky)	111
89	桑褶翅尺蛾 *Zamacra excavata* (Dyar)	112
90	栎掌舟蛾 *Phalera assimilis* (Bremer & Grey)	113
91	栎纷舟蛾 *Fentonia ocypete* (Bremer)	114
92	苹掌舟蛾 *Phalera favescens* (Bremer & Grey)	115
93	角斑台毒蛾 *Teia gonostigma* (Linnaeus)	116
94	盗毒蛾 *Porhesia similis* (Fueszly)	117
95	舞毒蛾 *Lymantria dispar* (Linnaeus)	119
96	美国白蛾 *Hyphantria cunea* (Drury)	120
97	漆黑污灯蛾 *Spilarctia infernalis* (Butler)	122
98	桃剑纹夜蛾 *Acronicta intermedia* (Warren)	123
99	桑剑纹夜蛾 *Acronycta major* (Bremer)	124
100	黄褐天幕毛虫 *Malacosoma neustria testacea* Motschulsky	125
101	大黄枯叶蛾（栎黄枯叶蛾、黄绿枯叶蛾） *Trabala vishnou gigantina* Yang	126
102	樗蚕蛾 *Philosamia cynthia* Walker et Felder	127
103	绿尾大蚕蛾 *Actias selene ningpoana* Felder	129
104	黄褐箩纹蛾 *Brahmaea certhia* Fabricius	130
105	山楂绢粉蝶（绢粉蝶） *Aporia crataegi* (Linnaeus)	130
106	花椒凤蝶（柑橘凤蝶、橘黄凤蝶） *Papilio xuthus* (Linnaeus)	131
107	丝带凤蝶 *Sericinus montela* Gray	133

第七章　病害　135

108	苹桧锈病	136
109	杨树炭疽病	137
110	黄栌白粉病	138
111	草坪锈病	139
112	毛白杨锈病	141
113	杏疔病	142

114 杨树溃疡病 ··· 144
115 冠瘿病（根癌病） ·· 145
116 黄栌枯萎病 ··· 146
117 枣疯病 ·· 147
118 国槐带化病 ··· 148

第八章　有害植物 ·· 151
119 刺果瓜 *Sicyos angulatus* (Linnaeus) ··· 152
120 菟丝子 *Cuscuta chinensis* (Lam.) ··· 153
121 曼陀罗 *Datura stramonium* (Linnaeus) ·· 154
122 槲寄生 *Viscum coloratum* (Kom.) ··· 155

参考文献 ··· 157

附录 1　延庆区林业有害生物防治时间表 ··· 161

附录 2　农药使用法规政策 ··· 162

附录 3　重点林业有害生物防控工作概况 ·· 169

中文索引 ··· 173

拉丁文索引 ·· 177

CHAPTER 01

第一章　油松害虫

1 红脂大小蠹
Dendroctonus valens Le Conte

鞘翅目　小蠹科

分布范围：华北、辽宁、陕西、河南。

识别特征：成虫体长 5.9~9.6 mm，红褐色至黑褐色，被金黄色毛；触角 10 节，柄节粗长，锤状部 3 节，扁平近圆形；前胸背板明显宽大于长；鞘翅基缘、中部及坡面上均具齿突。

生活史：一年发生 1 代，少数一年发生 2 代或两年 3 代，以成虫、2 龄以上幼虫在树干基部、主根、侧根的韧皮部越冬，偶见以卵和蛹越冬；4 月末成虫开始扬飞，5 月中下旬为扬飞盛期；6 月上旬为产卵盛期，6 月中旬为孵化盛期；8 月上旬新一代成虫羽化。

危害：油松、白皮松、华山松、云杉、冷杉和落叶松等。主要为害大树，侵入部位多集中在距地面 0.5 m 以下的树干基部和根部；当年侵入孔处常有松脂、虫粪、木屑形成的红褐色漏斗状或不规则状凝脂块，往年凝脂块为浅白色或灰白色。

防治方法：

（1）严格检疫，防止红脂大小蠹随松科树木传入和扩散蔓延。

（2）利用聚集信息素监测诱杀成虫。

（3）释放大唼蜡甲等天敌。

红脂大小蠹 – 为害状 – 油松
（延庆区四海镇 – 2015 年 4 月 27 日拍摄）

红脂大小蠹 – 为害状 – 油松
（延庆区大吉祥村 – 2020 年 4 月 27 日拍摄）

红脂大小蠹 – 成虫 – 油松
（延庆区南湾村 – 2023 年 5 月 29 日拍摄）

2 纵坑切梢小蠹
Tomicus piniperda (Linnaeus)

鞘翅目　小蠹科

分布范围：东北、西北、华北、华南、华东、华中、云南、贵州、四川。北京市延庆区四海镇、珍珠泉、刘斌堡有危害。

识别特征：成虫体长 3.5~4.5 mm，体深棕或黑褐色，具光泽，密布刻点和灰黄色细毛；头部半球形，额中央有纵降起线，复眼卵圆形；触角锤状；前胸背板近梯形，前窄后宽。卵椭圆形、灰白色。幼虫体长 5~6 mm，乳白色，微弯曲，体表粗而多皱；头黄色，口器褐色。蛹体白色，体长约 4.5 mm，腹面末端有向两侧伸出的针状突起 1 对。

生活史：北京一年发生 1 代，以成虫越冬。翌年 4 月离开越冬场所，飞上树冠侵入上一年嫩梢补充营养，然后寻找衰弱树及林中贮放原木侵入。坑道为单纵坑，筑于木质部，微触韧皮；母坑道一般长 5~6 cm，最长约 14 cm，子坑道在母坑道两侧，10~15 条，与母坑道略呈垂直。雌虫先侵入并构筑交尾室，然后雄虫进入交尾。卵密集产于母坑两侧，每雌虫平均产卵约 79 粒，最多 140 粒。5 月卵孵化，幼虫期 15~20 天，6 月化蛹，7 月新成虫出现并侵入健康木为害，10 月开始下

纵坑切梢小蠹 - 为害状
（延庆区大吉祥村 -2005 年 4 月 13 日拍摄）

纵坑切梢小蠹 - 幼虫
（延庆区大吉祥村 -2005 年 3 月 23 日拍摄）

树集中侵入风倒、风折木越冬。阳坡，立地条件差的林木先受害，衰弱树易受害，林缘树受害重。森林火灾或其他病虫为害造成树势衰弱或林地卫生状况不好等是造成该虫灾害的先决条件。

危害：油松、赤松、黑松、华山松、雪松、樟子松、马尾松、云南松。

防治方法：成虫活动期，在林缘或松树周边悬挂纵坑切梢小蠹诱捕器监测诱集成虫。

纵坑切梢小蠹－成虫（延庆区四海镇－2023年6月25日拍摄）

纵坑切梢小蠹－成虫（延庆区南湾村－2021年4月11日拍摄）

纵坑切梢小蠹－蛀孔－油松（延庆区四海镇－2016年7月8日拍摄）

3 松阴吉丁
Phaenops yin Kubáň & Bíly

鞘翅目　吉丁虫科

分布范围：北京、河北。

识别特征：卵白色，圆形或椭圆形，绝大部分单产，少数2~3粒卵产一起。各龄期幼虫刚蜕皮时纯白色，一段时间后体变黄；背面观幼虫前胸背板刻点区域圆形，最端部有一深色斑点，中央一对长"八"字形刻纹伸达圆形刻点区域基缘处；腹面观前胸腹板中部刻点区域长椭圆形，中部一条纵刻纹平分刻点区域。裸蛹，长10~13 mm，宽4.0~4.7 mm。蛹一般淡黄色，快羽化1~2天时颜色逐渐变为黑绿色，先头部然后腹部腹面，最后腹部背面和翅变为成虫颜色。成虫深黑绿色，具铜色光泽，体腹面黑色，具2种明显不同的光泽：头胸部具铜绿色光泽，腹部具蓝绿色光泽。体长10.5~11.6 mm，体宽4.0~4.2 mm，头部、前胸背板、鞘翅具黑绿色金属反光。触角11

节，黑褐色具绿色光泽，颜色较身体其他部位深，散生稀疏的白色绒毛；复眼长椭圆形。前胸背板宽为中长的1.57倍。小盾片方形，中央略内凹。鞘翅上部表面布满粗的横纹形刻槽纹，下半部为双点式刻纹，分布更密；鞘翅端部弧形收缩，侧缘中下部锯齿状，端部锯齿大而密。

生活史：北京地区一年发生1代。老熟幼虫在皮下做成越冬室，越冬室规则的椭圆形，老熟幼虫呈"U"形蜷缩在内。翌年3月幼虫开始活动，就近在松树表皮下的木栓层或韧皮部中化蛹，少量幼虫会蛀入浅层木质部化蛹，4月底到7月初均可见成虫羽化，成虫期较长，发育不整齐。

危害：油松。

防治方法：

（1）饵木防治。通过在林间人工设置诱饵木，吸引成虫集中产卵，然后对诱饵木进行无害化处理，降低林间虫卵的密度。

（2）生物防治措施。害虫以老熟幼虫在越冬室内越冬，幼虫期较长，幼虫期喷涂农药的效果较差，此期间应该注意对天敌的保护，如增加人工鸟巢及保护助引啄木鸟等益鸟。

松阴吉丁-幼虫
（延庆区大吉祥村-2005年3月23日拍摄）

松阴吉丁-蛹
（延庆区刘斌堡乡-2015年5月9日拍摄）

松阴吉丁-成虫
（延庆区刘斌堡乡-2015年5月9日拍摄）

松阴吉丁-蛀道
（延庆区程家窑村-2020年3月30日拍摄）

4 松幽天牛
Asemum striatum (Linnaeus)

鞘翅目　天牛科

分布范围：华北、东北、西北、山东、浙江、四川。

识别特征：成虫体黑褐色，密生灰白色绒毛，腹面有显著光泽；前胸背板宽大于长，侧缘弧形，胸中央少许凹陷；鞘翅两侧平行，端缘圆形，翅面上有纵脊，前缘具横皱。幼虫体圆柱形，前胸背板基宽，前端有黄色横斑，侧区密生红棕毛。

生活史：一年发生 1 代，6—7 月出现成虫，成虫趋光性很强。

危害：松、杉。幼虫为害新伐倒木和衰弱树主干，蛀道椭圆形。

生物防治：释放蒲螨寄生成虫、幼虫体。

松幽天牛 - 成虫　　　　　　松幽天牛 - 成虫
（延庆区南湾村 -2021 年 5 月 4 日拍摄）　（延庆区八达岭 -2020 年 6 月 5 日拍摄）

5 小灰长角天牛
Acanthocinus griseus (Fabricius)

鞘翅目　天牛科

分布范围：北京、河北、内蒙古、东北、西北、华东、江西、广东、湖北、广西、

第一章 油松害虫

贵州。

识别特征：成虫体黑褐色，被灰绒毛触角特长；前胸背板有许多横脊线和粗刻点，前端有黄毛斑4个成一横列；鞘翅被黑褐、褐或灰色绒毛，在中部及末端各成一宽横带，显现出横斑2条。幼虫体长而细扁，额上8孔成一横列，前胸背板后有粗糙红区2个。

生活史：北京一年发生1代，以成虫在蛹室内越冬。翌年5月成虫咬一圆孔飞出，6月产卵于衰弱的寄主树干。新孵幼虫先在韧皮部蛀食，后蛀入木质部表层，于8月末开始化蛹，羽化成虫即在蛹室内不飞出而越冬。

危害：松、杉、栎属。

生物防治：释放蒲螨寄生成虫、幼虫。

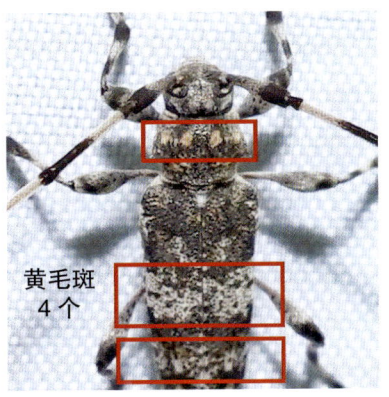

小灰长角天牛 – 成虫（延庆区六道河村 –2023 年 9 月 5 日拍摄）

6 松梢象（松黄星象）
Pissodes nitidus Roelofs

鞘翅目　象甲科

分布范围：北京、河北、东北、河南。

识别特征：卵椭圆形，长1.2 mm，宽0.4 mm，乳白色，松梢象的卵产在树木当年生嫩梢的髓心里的产卵孔内。老熟幼虫体长约8 mm，乳白色，头部淡褐色。成虫体长5.5~7.5 mm。体淡红色，有光泽；前胸背板有2个白色斑点；小盾片密布白色鳞片；鞘翅有2条横带，前1条为锈红色，

松梢象 – 成虫
（延庆区南湾村 –2023 年 8 月 23 日拍摄）

后 1 条为白色，但外侧被锈黄色斑所断开，鞘缝两侧具白色鳞片，鞘翅端部 1/4 强收缩明显。

生活史：一年 1 代，以成虫在枯枝落叶层下越冬。

危害：红松、油松；成虫在一年生小枝上进行营养补充（呈小孔穴），幼虫食松枝。

防治方法：及时剪除被害枝梢，集中用火烧掉。保留部分伴生树种。保护寄生天敌。

7 松树皮象
Hylobitelus haroldi Faust

鞘翅目　象甲科

分布范围：北京、河北、陕西、东北、山西、四川、云南。

识别特征：成虫体长 9~13 mm。体壁红褐色至黑褐色，体背具斑纹，由或深或浅的黄色针状鳞片构成；前胸背板两侧近中部各有 2 个小盾片，鞘翅基部 1/4 及端部 1/3 各具一横带，两带间具"X"形纹（这些斑纹上的鳞片可丢失而不明显）。前足腿节端半部膨大，内侧端部凹陷，一侧具齿。卵椭圆形，白黄色，透明。幼虫老龄体白色，无足微弯，齿形上颚强大。蛹体白色，布满刺，腹端有大刺 1 对。

生活史：北京一年发生 2 代，以成虫越冬。越冬成虫在地表交尾，产卵于新伐根皮层上或泥土中，每雌产卵 60~120 粒，孵化后取食伐根皮层与木质部浅层。幼虫 5 龄，在皮层与边材间做蛹室化蛹，成虫羽化后越冬。

危害：松、杉、椴、柳、杨、丁香、槭属。

松树皮象 - 成虫（延庆区罗家台村 -2023 年 6 月 8 日拍摄）

8 松梢螟（微红梢斑螟）
Dioryctria rubella Hampson

鳞翅目　螟蛾科

分布范围：全国各地。

识别特征：成虫体长 10~16 mm，翅展 19~28 mm。前翅棕褐色杂红褐色鳞片，前缘玫瑰红色，后缘红褐色；亚基线灰色，外侧有黑色鳞脊；内横线灰白色，波形，外侧近后缘处有一灰白色圆斑；中室端斑圆形，灰白色；外横线灰白色，内侧镶黑边，近前缘和后缘处直，中间有一向外的尖角，内侧近后缘处有一灰白色大斑；外缘线灰色，缘点黑色，缘毛褐色。后翅灰白色，缘毛浅灰色。老熟幼虫体长约 25 mm。常造成被害枝梢枯黄、弯曲、下垂、死亡。翅展 26~30 mm；与果梢斑螟相近，但翅色常偏灰暗，前翅亚基线灰色，外侧具黑色鳞脊。

生活史：一年发生 2 代，以幼虫在被害球果、枯梢和枝干伤口皮下越冬；卵多散产于松梢针叶基部；老熟幼虫在蛀道内化蛹。

危害：油松、华山松、雪松、白皮松和云杉等。

防治方法：

（1）及时剪除被害枝梢和球果。

（2）利用诱虫杀虫灯、性信息素诱芯等监测诱杀成虫。

（3）初孵幼虫期和转梢为害期，释放蒲螨、长距茧蜂等天敌。

微红梢斑螟－为害状

（延庆区延庆镇－2021 年 6 月 22 日拍摄）

微红梢斑螟－幼虫

（延庆区马道梁－2023 年 9 月 11 日拍摄）

微红梢斑螟 - 蛹（延庆区马道梁 -2020 年 7 月 20 日拍摄）

微红梢斑螟 - 成虫
（密云区云湖 -2024 年 5 月 28 日拍摄）

微红梢斑螟 - 成虫
（延庆区张山营 -2016 年 7 月 6 日拍摄）

9 油松毛虫
Dendrolimus tabulaeformis Tsai et Liu

鳞翅目　枯叶蛾科

分布范围：北京、河北、山西、陕西、山东、河南、湖北、四川、辽宁、内蒙古、宁夏、甘肃等地。

识别特征：成虫雌性翅展 70~90 mm，雄性翅展 50~70 mm，体灰白、灰褐或赤褐色；前翅中线及外横线白色，亚外缘斑列黑色呈三角形。卵椭圆形，长约 1.8 mm，淡绿色，后粉红、紫褐色。幼虫老熟时体长 80~90 mm，第 2、第 3 胸节背面丛生黑色毒毛，各节黑蓝色毛束明显，体侧有长毛和浅色纵带。蛹体纺锤形，长 30~40 mm。茧灰白色，附有幼虫毒毛。

生活史：一年发生 1 代，以 2~3 龄幼虫在树下落叶层、浅土层、石块下越冬。翌年 3 月上旬开始上树，3 月中下旬为上树高峰期，4 月上旬上树结束，6 月下旬老熟幼虫化，7 月上旬为成虫高峰期，10 月中下旬幼虫下树越冬。

油松毛虫 – 幼虫
（延庆区佛爷顶 –2017 年 10 月 30 日拍摄）

危害：油松、赤松、黑松、樟子松。

防治方法：

（1）树干围环、喷涂毒环、绑毒绳法阻止幼虫上树，人工摘除茧蛹、卵块。

（2）设置性信息素诱芯监测诱杀成虫。

（3）破坏越冬场所，或早春树盘喷药。

（4）使用灭幼脲、除虫脲、杀铃脲、松毛虫质型多角体病毒、球孢白僵菌、粉拟青苏云金杆菌等药剂防治低龄幼虫，使用植物源类药剂防治高龄幼虫。

（5）卵期释放松毛虫赤眼蜂防治。

油松毛虫 – 成虫（延庆区青龙谷 –2023 年 7 月 19 日拍摄）

10 延庆腮扁叶蜂
Cephalcia yanqingensis Xiao

膜翅目　扁叶蜂科

分布范围： 北京市延庆区危害严重。

识别特征： 雌成虫体长 13~19 mm，翅展 22~34 mm；体红褐色；触角黄褐色，末端 1~2 节带黑色；头黄褐色，在两眼之间中央偏上有 3 个小黑点呈倒等腰三角形状排列；眼、单眼基部周围、上颚前端、中胸前盾板、盾板内缘及后缘、小盾片、小盾片侧区、后背板、后背片、后胸盾片、锯鞘均为黑色；前翅顶角及外缘淡烟褐色，其余部分淡黄色透明；触角 30 节，第 1 节长：第 3 节长：第 4~5 节长为 24：32：21。雄成虫体长 10~16 mm，翅展 21~25 mm；触角基端黄色，中部褐黄色，末端带黑色；头部黑色；须，上 3 鄂基部唇基，触角间，鄂脊，触角侧区，鄂，眼区距，颊均黄色；胸部黑色，前胸背板两侧，翅基片，中胸前侧片均黄色；腹部黑色，腹背板 1、2 节两侧、4、5 节（后缘除外）、6 节前缘及两侧、7、8 节两侧、腹板除前缘两侧、外生殖器均为黄色。触角 27 节。第 1 节长：第 2 节长：第 4~5 节长为 1：2.06：1.66。

延庆腮扁叶蜂 - 为害状（延庆区四海镇 -2013 年 6 月 11 日拍摄）

生活史：延庆腮扁叶蜂在北京延庆区1~2年发生1代，但以1年1代为主。除老熟幼虫在地下滞育休眠长短不同外（1年1代290天、2年1代655天），其余生活习性相同，群体发生比较整齐。主要以幼虫为害油松松针。9月初以老熟幼虫入土做土室滞育休眠，入土深度1~20 cm、5~15 cm均有分布，入土深度与土壤结构有关，土层疏松入土深，反之则浅。翌年5月上旬化蛹，蛹期13~16天。5月底成虫开始羽化。6月下旬成虫羽化结束。6月中旬为产卵盛期，卵期15天。幼虫6月末出现，并迅速进入孵化盛期，一直持续到7月末，8月上旬孵化终止。幼虫期6月末至9月下旬，9月下旬全部坠落树下入土做土室越冬。

危害：主要危害油松。

防治方法：在5月上旬悬挂红色粘虫板防治成虫。在6月下旬喷洒烟剂或者飞机喷雾防治幼虫。

延庆扁腮峰－卵
（延庆区佛爷顶－王长月－2003年7月3日拍摄）

延庆腮扁叶蜂－幼虫
（延庆区大吉祥－2012年8月9日拍摄）

延庆腮扁叶蜂－蛹
（延庆区佛爷顶－2005年5月28日拍摄）

延庆腮扁叶蜂－蛹室
（延庆区佛爷顶－2004年5月4日拍摄）

延庆腮扁叶蜂♂-成虫（延庆区佛爷顶-2021年5月26日拍摄）

延庆腮扁叶蜂♀-成虫
（延庆区佛爷顶-2021年6月16日拍摄）

延庆腮扁叶蜂-成虫交配
（延庆区大庄科乡-2022年6月7日拍摄）

11 黑胫腮扁叶蜂
Cephalcia nigrotibialis Wei

膜翅目　扁叶蜂科

分布范围：北京、陕西、河南。

识别特征：雌成虫体长15.0~17.5 mm；体黑色，具黄白色斑纹；唇基基部具"一"字纹（有时呈倒"T"形），复眼内缘具近四方形纹，头顶侧缝上具长纹以及沿颊并伸向头顶两侧的钩形纹；触角第3节端部起黄白色，端部6~8节黑褐色；下颚须黄白色，基部黑色，可1节、2节或3节基半黑色，端部可褐色；下唇须黄白色，端节黑色，或基 1 节黑色，基 2 节基部黑色；前胸背板两端、中胸前盾片（1 对）、中胸小盾片、后胸小盾片、中胸前侧片前端具黄白斑；翅基片均黄白色；半透明，带烟褐色，翅痣黑色；翅痣下具明显烟褐色横带直达翅后缘，并与翅外缘的烟褐色相连；各腹节背板两侧、第 1~2 节背板中部及第 4~7 节腹板中部后缘黄白色；足基节具黄白斑，跗节黄白色。触角 29~31 节，第 3 节稍短于柄节，约是第 4 节的 2 倍。

雄成虫体长 13.0~15.0 mm；体色与雌虫的区别：头部不具头顶侧缝上的长纹斑，沿颊并伸向头顶两侧的钩形纹在中间断裂；中部背面无黄白斑，翅基片黑色；足淡黄棕色，跗节黄白色，前、中足腿节基大部黑色。触角 31 节，第 3 节后几节有时浅褐色，端 6 节褐色；前翅的烟褐斑不明显。

生活史：北京地区一年 1 代，以老熟幼虫越冬，6 月上旬幼虫开始化蛹，6 月下旬成虫开始出土，7 月上中旬为出土上树盛期，7 月初成虫开始产卵，幼虫在树上为害 60 天左右，9 月上中旬老熟幼虫开始下树，9 月底幼虫全部下树，入土做虫室越冬。

危害：主要危害油松。

防治方法：在 6 月上旬悬挂红色粘虫板防治成虫。在 7 月下旬喷洒烟剂或者飞机喷雾防治幼虫。

黑胫腮扁叶蜂 – 卵
（延庆区佛爷顶 –2009 年 7 月 16 日拍摄）

黑胫腮扁叶蜂 – 为害状（延庆区佛爷顶 –2009 年 8 月 21 日拍摄）

黑胫腮扁叶蜂－幼虫（延庆区佛爷顶－2009年7月6日拍摄）

黑胫腮边叶蜂－蛹（延庆区香营－2016年6月24日拍摄）

雄成虫　　雌成虫

黑胫腮扁叶蜂－成虫（延庆区佛爷顶－2020年7月4日拍摄）

CHAPTER 02
第二章　杨柳树害虫

12 黑绒金龟（东方绢金龟）
Maladera orientalis (Motschulsky)

鞘翅目　金龟科

分布范围：北京、甘肃、宁夏、内蒙古、吉林、辽宁、河北、山西、山东、江苏、安徽、浙江、福建、台湾、湖北、湖南、广东、海南。

识别特征：黑绒金龟又名东方绢金龟。体长6~9 mm。体黑褐色至黑色，晦暗而具丝绒般光泽。触角9节，少数10节，鳃部3节，雄虫鳃部长约为前5节之和的2倍。胸部腹板密被绒毛，腹部每节腹板具1排毛。

生活史：一年1代，以成虫在土中越冬（羽化后未出土），但在野外可见到颜色较浅的成虫。幼虫在地下取食多种作物的根。北京成虫出现于4—8月，具趋光性，白天、晚上均可取食。

危害：枣、苹果、桃、金银木、大豆、花生、棉、杨、柳等多种植物。

防治方法：

（1）施肥时使用充分腐熟的有机肥。

（2）利用黑光灯或糖醋液监测诱杀成虫。

（3）人工振落捕杀成虫。

（4）成虫发生期，使用高渗苯氧威等喷雾防治。

（5）使用绿僵菌、白僵菌等杀灭地下幼虫。

黑绒金龟-成虫

（延庆区张山营-2016年7月22日拍摄）

黑绒金龟-成虫

（延庆区张山营-2012年5月8日拍摄）

13 光肩星天牛
Anoplophora glabripennis (Motschulsky)

鞘翅目　天牛科

分布范围：华北、东北、陕西、宁夏、甘肃、广西、华东、华中、西南等地。

识别特征：成虫体黑色，有光泽。雌虫体长 22~35 mm，雄虫体长 20~29 mm，前胸两侧各有 1 个刺突，鞘翅上有大小不等、排列不规则的白色或黄色绒斑，鞘翅基部光滑，无粗糙颗粒状突起。

卵乳白色，稍弯曲，似"黄瓜籽"。幼虫乳白色，老熟幼虫身体带黄色，体长约 50 mm，足退化。蛹全体乳白色至黄白色。

生活史：幼虫 3 月开始活动为害，5 月中旬至 8 月下旬，在枝干可以发现成虫活动。

危害：柳、杨、榆、糖槭、银红槭、元宝枫、桑、刺槐、法桐、樱花、苹果等。幼虫在枝干木质部内蛀食为害，发生严重时造成树木死亡。

生物防治：5 月上旬，在树干上有虫粪的虫孔旁悬挂花绒寄甲卵卡或成虫。

光肩星天牛 - 成虫
（怀来石盘口 - 2020 年 8 月 19 日拍摄）

光肩星天牛 - 幼虫
（延庆区永宁 - 2016 年 4 月 23 日拍摄）

14 青杨天牛（青杨楔天牛）
Saperda populnea (Linnaeus)

鞘翅目　天牛科

分布范围：华北、东北、西北、华东、华中。

识别特征：雌成虫体长 12~14 mm，黑色，前胸背板两侧各有黄褐色纵纹 1 条，鞘翅上密生黄褐色绒毛,每个鞘翅各有橙黄色毛斑5个;触角12节,稍短于体长。雄体长10~11 mm,与雌体相比鞘翅较黑,鞘翅上绒毛斑有时消失,触角稍长于体。卵初产时黄白色,后黄褐色,长约2.5 mm,纺锤形。幼虫老熟时体长15~21.5 mm,淡黄色,前胸背板硬化,其上深褐色粒状小点组成"凸"字形斑。蛹体淡褐色,裸蛹,长约12 mm。

生活史: 一年发生1代,以老熟幼虫在枝条虫瘿内越冬。翌年3月末至4月中旬化蛹,5月上旬为成虫羽化盛期。成虫羽化后1~2天开始交尾、产卵,5月中旬开始卵孵化。幼虫喜在5~8 mm粗的枝条上咬破皮层进入木质部取食,受害部位受刺激而膨大为虫瘿,8月末幼虫逐渐老熟,10月下旬老熟幼虫开始越冬。

危害: 杨。

生物防治: 冬季剪除为害枝,烧毁或埋藏,减少虫口。保护和利用天敌,如青杨天牛姬蜂,茧蜂和啄木鸟等。

青杨楔天牛-成虫
(赤城县大海陀-2021年5月19日拍摄)

青杨楔天牛-幼虫
(赤城县大海陀-2021年5月19日拍摄)

青杨楔天牛-蛹(延庆区张山营-2002年4月12日拍摄)

第二章 杨柳树害虫

青杨楔天牛-为害状（延庆区张山营-2004年3月15日拍摄）

15 柳蓝叶甲（柳圆叶甲）
Plagiodera versicolora (Laicharting)

鞘翅目　叶甲科

分布范围：北京、陕西、甘肃、宁夏、内蒙古、黑龙江、吉林、辽宁、天津、河北、山西、河南、山东、江苏、安徽、浙江、江西、福建、台湾、湖北、湖南、四川、贵州。

识别特征：成虫体长4.0~4.5 mm。体深蓝色，具金属光泽，有时带绿光，触角和小盾片黑色，腹面蓝黑色，末端棕黄，触角第2、第4节均短于第3节，其余各节向端部逐渐加粗。

生活史：一年3代，以成虫越冬。成虫和幼虫取食多种柳、杨等；北京4—9月可见成虫。

危害：杨柳科植物。

防治措施：

（1）营造混交林。

（2）柳树发芽时，使用烟碱·苦参碱、吡虫啉等喷雾防治。

（3）及时清除落叶、杂草；早春翻树盘，消灭越冬成虫。

柳蓝叶甲 – 成虫
（延庆区千家店照山洼 –2020 年 6 月 30 日拍摄）

柳蓝叶甲 – 幼虫
（延庆区清风园 –2021 年 9 月 5 日拍摄）

16 柳十八斑叶甲（柳十八星叶甲 / 柳九星叶甲）
Chrysomela salicivorax (Fairmaire)

鞘翅目　叶甲科

分布范围：北京、陕西、甘肃、吉林、辽宁、河北、山东、安徽、浙江、江西、四川、贵州。

识别特征：成虫体长 6~8 mm；头部、前胸背板中部、小盾片及腹面深青铜色，前胸背板两侧及鞘翅灰白色至橙红色，每翅上各有黑斑 9 个（斑纹可减少，甚至无斑纹），中缝黑蓝色。初孵幼虫黑色，2 龄后深褐色，老熟时体黄色，体长 9~11 mm，体表有黑色瘤突。蛹体椭圆形，长 7~8 mm，黄色，背有成列黑点，末端停留在末龄幼虫蜕皮内。

生活史：一年发生 2 代，以成虫在落叶层内、土缝或树皮缝内越冬。4 月中旬越冬成虫（杨、柳发芽放叶期）出蛰，5 月上旬幼虫孵化，6 月可见各种虫态，7 月上旬是为害盛期，10 月下旬下树越冬。

危害：柳、小叶杨、小青杨等。

防治方法：

（1）利用黑光灯或糖醋液监测诱杀成虫；人工振落捕杀成虫。

(2)成虫发生期,使用 3% 高渗苯氧威等喷雾防治。

(3)使用绿僵菌、白僵菌等杀灭地下幼虫。

(4)使用充分腐熟的有机肥。

柳十八斑叶甲 – 成虫(延庆区张山营 –2002 年 6 月 10 日拍摄)

柳十八斑叶甲 – 卵
(延庆区下板泉 –2016 年 4 月 24 日拍摄)

柳十八斑叶甲 – 幼虫
(延庆区下板泉 –2016 年 5 月 19 日拍摄)

17 杨叶甲
Chrysomela populi (Linnaeus)

鞘翅目　叶甲科

分布范围:北京、陕西、青海、甘肃、宁夏、新疆、内蒙古、黑龙江、吉林、辽宁、河北、山西、山东、江苏、安徽、浙江、江西、福建、湖北、湖南、广西、四川、贵州、云南、西藏。

识别特征：成虫体长 8.0~12.5 mm，体黑蓝色，具金属光泽，但鞘翅棕黄色至红色，翅端鞘缝处常具 1 个小黑斑。卵橙黄色，长椭圆形，长 2 mm。幼虫体长 15~17 mm，头黑色，胸腹部白色略带黄色光泽。前胸背板具 1 对弧形黑斑，各节具成列黑斑，以体背两列黑斑大而明显，中、后胸两侧各具黑肉刺突 1 个，腹部各节两侧气门上、下线处亦各具一黑色疣状突起，但稍短平。尾端黑色，腹面具伪足状突起。蛹长约 10 mm，金黄色。

生活史：一年 2 代，以成虫在枯枝落叶层中或土中越冬。成虫和幼虫取食多种杨、柳，北京 4—8 月可见成虫。

危害：杨柳科植物。

防治方法：

（1）人工摘除卵块。于早春越冬成虫上树为害时，利用其假死性，振落捕杀。冬、春清除园内或树林内落叶、杂草，可杀灭部分越冬成虫。

（2）生物防治。保护利用天敌，如蛹体内寄生小蜂。

杨叶甲 - 成虫
（延庆区下板泉 -2016 年 4 月 15 日拍摄）

杨叶甲 - 卵
（延庆区下板泉 -2010 年 5 月 19 日拍摄）

杨叶甲 - 幼虫
（延庆区大观头 -2021 年 6 月 12 日拍摄）

18 梨卷叶象（梨金象）
Byctiscus betulae (Linnaeus)

鞘翅目　象甲科

分布范围：北京、河北、内蒙古、黑龙江、吉林、辽宁、河南、江西、贵州。北京市延庆区有危害。

识别特征：成虫体长 6.4~7.4 mm。体青蓝色或豆绿色，略具光泽。头长方形，复眼很大，近圆形，微突出；喙粗短，较头部长但短于或等于前胸长；触角 11 节，棒节密生黄棕色绒毛。前胸背板长不大于宽，被细刻点，侧缘呈球面状隆起，雄虫侧缘具 1 枚大刺。鞘翅具不规则的深刻点列，行间窄；鞘翅表面尤其后半部明显被毛。

生活史：一年发生 1 代，以成虫在地被物或表土中越冬。翌年早春杨树展叶时，越冬成虫出蛰，4 月中旬至 5 月下旬为成虫卷叶产卵期，5 月中旬至 7 月下旬为幼虫取食为害期，9 月中下旬成虫取食杨树叶片补充营养后入土越冬。

危害：桦属、榛属、椴属、梨属、榆属、柳属、杨属、葡萄属及山楂、苹果、桃等。

防治措施：
（1）人工摘除卷叶防治。
（2）早春越冬成虫出蛰期，使用植物源类等药剂地面喷雾防治。
（3）使用植物源类等药剂喷烟防治成虫。

梨卷叶象 - 卵
（延庆区大营 -2023 年 5 月 11 日拍摄）

梨卷叶象 - 蛹
（延庆区张山营 -2015 年 8 月 26 日拍摄）

梨卷叶象 – 成虫
（延庆区太平庄 –2016 年 4 月 18 日拍摄）

梨卷叶象 – 成虫为害
（延庆区太平庄 –2016 年 4 月 18 日拍摄）

梨卷叶象 – 为害状（延庆区大营 –2009 年 5 月 5 日拍摄）

19 杨潜叶跳象
Tachyerges empopulifolis (Chen)

鞘翅目　象甲科

分布范围： 北京、河北、甘肃、山西、山东、内蒙古、黑龙江、辽宁。北京市延庆区有危害。

识别特征： 成虫体长 2.3~2.7 mm；体黑色或黑褐色（羽化不久的成虫体表具锈黄

色、黄色粉末），触角及足常浅黄褐色；前胸背板被指向内侧的尖细卧毛，鞘翅被尖细卧毛，小盾片具白色鳞毛；两眼大，几乎相接。

生活史：一年1代，以成虫在枯枝落叶层、表土层下越冬；幼虫潜叶，成虫羽化后啃食叶表层，4月起可见成虫，5月下旬可见新羽化的成虫；一直持续到10月下旬，为害严重时，可造成大量落叶。

危害：小叶杨、青杨、北京杨、加杨等杨树，幼虫老熟后把叶切成1个圆片（直径4.5~5.0 mm），虫在其中，落在地面，幼虫在内伸屈，从而在地面上不断弹跳。

杨潜叶跳象 - 成虫
（延庆区大营 -2021年4月14日拍摄）

杨潜叶跳象 - 成虫
（延庆区三里河 -2012年4月25日拍摄）

杨潜叶跳象 - 蛹
（延庆区五中 -2015年5月10日拍摄）

杨潜叶跳象 - 叶苞（延庆区五中 -2024年4月27日拍摄）

20 杨柄叶瘿绵蚜
Pemphigus matsumurai Monzen

半翅目　瘿绵蚜科

分布范围：北京、黑龙江、辽宁、内蒙古、宁夏、贵州、云南、西藏。

识别特征：有翅孤雌蚜体椭圆形。头、胸部黑色，腹部淡色。体表光滑，头背除中央外有褶纹。气门椭圆形关闭，气门片突起骨化黑色。触角有环形感觉圈。喙短粗，达前中足基节之间，端部有刚毛2对。翅脉镶淡褐色边。无腹管。尾片半圆形、有微刺突构成横瓦纹，有2根或3根或短刚毛。尾板有短毛14根或15根。生殖板有长短刚毛30余根，横排3行。生殖突3个。

生活史：在叶片正面的叶柄基部形成长球形虫瘿，直径15~20 mm，瘿表粗糙不光滑，与叶同色或稍带红色，每叶以1瘿为多，部分2瘿。4月瘿内多为干母，5月中旬发育为若蚜和有翅蚜，每瘿内有翅蚜近百头，6月虫瘿成熟后裂开，顶部表皮具次生开口，有翅蚜飞出。

危害：杨。

防治方法：保护天敌（瓢虫、草蛉、食蚜蝇、蚜茧蜂等）。人工剪除虫瘿。

杨柄叶瘿绵蚜 - 为害状
（延庆区南辛堡 -2014年6月3日拍摄）

杨柄叶瘿绵蚜（单瘿）- 杨树
（延庆区南辛堡 -2014年6月3日拍摄）

杨柄叶瘿绵蚜（虫瘿内）- 杨树
（延庆区南辛堡 -2014年6月3日拍摄）

21 杨枝瘿绵蚜
Pemphigus immunis Buckton

半翅目　瘿绵蚜科

分布范围：北京、黑龙江、吉林、辽宁、内蒙古、河北、河南、宁夏。

识别特征：有翅孤雌胎生蚜体长约 2.3 mm，长卵形，灰绿色，被白粉；触角 6 节，第 5 节感觉圈大长方形，有若干卵形体构造；前翅 4 斜脉，中脉不分叉；后翅斜脉 2 条；第 1~5 腹节各有 1 对背中蜡线，第 8 腹节中蜡片 1 对，且相融合为横带状；蜡孔卵圆形；腹管环状，尾片盔形，腹板末端圆形。

生活史：春季在幼枝基部形成梨形虫瘿有原生开口。

危害：杨。

防治方法：保护天敌（瓢虫、草蛉、食蚜蝇、蚜茧蜂等）。人工剪除虫瘿。

杨枝瘿绵蚜 - 虫瘿
（延庆区宝山堡村 -2024 年 9 月 13 日拍摄）

22 毛白杨皱叶瘿螨
Eriophyes disoar Nalepa

真螨目　瘿螨科

分布范围：河南、河北、山东、北京、天津等地。

识别特征：雌成螨体长圆筒形，橘黄色有光泽，柔软，末端细而弯曲；背部盾板有纵皱纹 6 条，体腹有环节约 80 个，尾端有长毛 2 根；足 2 对。卵近球形，白色透明。幼螨体弯曲，白色透明。若螨前体段橘黄色，后体段透明；足 2 对。

生活史：一年发生 5 代，以卵在受害芽内越冬。翌年 4 月初卵开始孵化，在芽内为害，4 月中旬致使幼叶边缘卷曲组织增厚，带红色。幼螨约经 10 天、蜕皮 2 次后变为成螨，4 月下旬成螨大量出现，受害叶、芽形成瘿球，逐渐增大，大者直径达 15 cm。5 月

毛白杨皱叶瘿螨 - 叶片为害状（延庆区京银路 -2012 年 5 月 17 日拍摄）

毛白杨皱叶瘿螨 - 杨树为害状
（延庆区沈家营镇 -2010 年 5 月 24 日拍摄）

初在瘿球内产第 1 代卵。5 月至 6 月中旬瘿球基本脱光。5 月上旬若螨离球在枝上爬行，再度侵害芽，世代重叠，10 月在芽内产卵越冬。

危害： 毛白杨。

防治措施：

（1）加强栽培管理，合理施肥灌水，增强树势，提高植株抵抗力。

（2）及时摘除病芽和"瘿球"防治。

（3）冬季或发芽前对病树枝干喷 3~5° Bé 石硫合剂，5 月中下旬发生严重时喷 0.2° Bé 石硫合剂。

（4）保护和利用捕食螨等天敌。

23 呢柳刺皮瘿螨
Aculops niphocladae Keifer

真螨目　瘿螨科

分布范围：华北、华东、华中。

识别特征：成虫体长 3.0~3.5 mm，浅绿略带黄色，冬型深褐色至黑褐色；前翅透明，长椭圆形，有黑色缘纹 4 条，中间主脉 1 条，分 3 支，又各分 2 支。若虫体略扁，初孵化体黄白色，后变绿色，复眼红色，腹部略黄色。体微小或小。成螨与若螨有 4 对足，幼螨只有 3 对足；一部分瘿螨只有 2 对足，跗线螨有 3 对足。

生活史：一年发生多代，以成螨在芽鳞间、枝条裂缝或凹陷处越冬。在变态上一般经过卵、幼螨、若螨和成螨四个时期。

危害：柳树。成螨、若螨刺吸柳树叶片，形成珠状虫瘿，初期为绿色，中期为红色，后期为褐色；借助风、昆虫和人畜传播。

防治措施：早春使用石硫合剂等药剂喷雾防治越冬螨。虫瘿形成前，使用高渗苯氧威等药剂喷雾防治。

呢柳刺皮瘿螨 - 为害状（2010 年 8 月 30 日拍摄）

24 草履蚧

Drosicha corpulenta (Kuwana)

半翅目 绵蚧科

分布范围：东北、华北、华东、华中、西北、西南地区。

识别特征：雌成虫体长 10 mm，无翅，背面棕褐色，周缘橙红色边，腹面黄褐色，体表被霜状蜡粉。体扁，分节明显，呈"草鞋状"；雄成虫体长约 5 mm，翅展约 10 mm，红色，胸部背面黑色。前翅淡紫黑色，半透明，后翅为平衡棒。触角 10 节，环毛状。腹部末端具 4 根枝突。

生活史：一年发生 1 代，以若虫或卵囊在砖瓦石缝、土块和杂草根部越冬；1 月中下旬若虫出蛰爬行上树，4 月下旬雄若虫下树化蛹，6 月上旬雌成虫下树产卵。以若虫和雌成虫在枝干，特别是嫩梢上刺吸为害。虫口密度大时，常爬满枝干、地面、墙壁等处，严重扰民。

危害：杨、柳、刺槐、板栗、核桃、桑、栎和苹果、桃等蔷薇科植物。以若虫和雌成虫在枝干，特别是嫩梢上刺吸为害。

生物防治：保护天敌，如大红瓢虫、红环瓢虫、红点唇瓢虫、鸟类等。

草履蚧 – 雌成虫
（延庆区永宁镇 –2021 年 5 月 24 日拍摄）

草履蚧 – 雄成虫
（延庆区大庄科 –2019 年 5 月 18 日拍摄）

草履蚧 – 为害状
（延庆区南辛堡 –2020 年 5 月 26 日拍摄）

25 柳蜷叶蜂
Amauronematus saliciphagus Wu

膜翅目　叶蜂科

分布范围：北京、甘肃。

识别特征：雌成虫体长 4.5~5.5 mm，宽 1.5 mm，翅展 12 mm；翅透明，翅脉多为褐色，C 脉和翅痣为淡褐色；体毛灰色，很短；额板、上唇、上颚基部、后颊区的大部分淡褐色；胸腹部黑色；前胸背板后缘黄白色，第 9 背板的后部、第 7 腹片中部突出的裂片和尾须都呈淡褐色；足黑色。前转节和中转节淡褐色，后转节、前腿节端部的 2/3、中腿节端部的 1/3 及所有的胫节、胫节距淡褐色；跗节深咖色到黑棕色；头上部刻点细微，不清晰，前盾片和盾片上的刻点均匀清晰，无光泽。中胸小盾片具闪亮光泽，几乎无刻点；中胸侧板、后胸侧板具光泽，无刻点，也没有明显的小雕纹；中胸小盾片平坦宽阔，后背片约为中胸小盾片的 1/3；锯鞘从后面看呈三角形，顶部尖锐；尾须细长，超出锯鞘顶点；产卵器比后胫节短；锯背片 19 环；锯腹片细长，21 齿。雄成虫体长 4.0~4.5 mm。

生活史：柳蜷叶蜂在北京地区一年发生 1 代，以老熟幼虫在土壤 1~5 cm 表土内结茧越夏越冬。翌年 3 月上旬开始化蛹，3 月中旬为化蛹盛期。3 月中旬成虫开始羽化，3 月下旬为成虫羽化盛期，4 月下旬成虫期结束。3 月中旬成虫开始产卵。3 月下旬幼虫开始孵化，柳芽处可见虫苞产生，4 月上旬为孵化盛期，4 月中旬幼虫开始老熟，5 月上旬幼虫期结束。幼虫老熟后，下树入土结茧越夏越冬。

危害：旱柳、垂柳、金丝垂柳、馒头柳。

防治方法：

（1）在树干胸径处缠黄绿色胶带并刷涂粘虫胶，对成虫进行诱杀。

（2）使用 1% 苦参碱对成虫进行防治。

柳蜷叶蜂 - 成虫

（延庆区台地园 -2023 年 3 月 21 日拍摄）

柳蜷叶蜂－为害状（延庆区大营－2021年4月25日拍摄）

26 柳厚壁叶蜂
Pontania bridgmannii Cameron

膜翅目　叶蜂科

分布范围：北京、河北、河南、山西、辽宁、吉林等地。

识别特征：成虫体长 5 mm，翅展可达 14 mm。头部土黄色，上有一条黑色带。前胸背面土黄色，中胸背面有 1 个椭圆形黑斑，两侧各有 2 个黑斑。腹部侧边缘，第 6、第 7 节背面后缘，第 8、第 9 节为土黄色，其余为黑色，足土黄色。卵呈椭圆形，灰白色，具光泽。幼虫污白色，体长 12 mm 左右。老熟幼虫体长 12 mm，黄白色，稍弯曲，体上分节明显，腹足 8 对，胸足 3 对。蛹长 6 mm，黄白色。

生活史：北方地区一年发生 1 代，以老龄幼虫在土中越冬，第二年 4 月中下旬成虫出现，产卵于柳叶边缘组织内，1 处 1 粒。幼虫从卵中孵出后，在叶内啃食叶肉，受害部位逐渐隆起，4 月中下旬叶缘出现红褐色

柳厚壁叶蜂－幼虫
（延庆区大庄科－2021年8月23日拍摄）

小虫瘿，幼虫藏在其中取食。虫瘿一般在叶边缘与主脉之间，逐渐增大加厚，上下鼓起形成肾形或椭圆形，大者可达 12 mm，宽 6 mm，呈紫褐色。带虫瘿叶提前变黄。幼虫在虫瘿内一直为害到 11 月。虫瘿随落叶落到地面，幼虫从虫瘿内爬出，钻入土中做茧越冬。

危害：主要危害垂柳、绦柳及旱柳。

防治方法：

（1）人工防治。秋季开始落叶时，随时扫除落叶并处理消除虫瘿内幼虫。小树可摘除树叶上的虫瘿叶。

（2）4 月下旬成虫大量羽化期或产卵盛期，喷 2.5% 溴氰菊酯乳油 3 000 倍液，此时期为防治此虫的关键时期。

柳厚壁叶蜂 – 为害状
（延庆区大庄科 –2021 年 8 月 23 日拍摄）

（3）4 月下旬至 5 月中旬幼虫孵出后，虫瘿刚鼓起至黄豆大小，颜色为红色时，用 50% 杀螟松 500 倍液喷雾。每隔 4 天喷施 1 次，连续 3 次。

（4）寄生天敌防治。啮小蜂对其寄生率近 10%，被寄生后的虫瘿均为扁球形，或使用沈阳宽唇姬蜂进行防治。

27 杨扁角叶蜂
Stauronematus compressicornis (Fabricius)

膜翅目　叶蜂科

分布范围：北京、河北、陕西、新疆、东北、山东等地。

识别特征：成虫雌性体黑色，有光泽，被稀疏白色短绒毛；头、胸、腹黑色；翅透明，痣黑色，脉淡褐色；爪内外齿平行，基部膨大；锯背面观与尾须等长。雄性触角第 3~8 节端部横向加宽如角状。卵椭圆形，乳白至灰黄色，光滑。幼虫体鲜绿色，头黑色，头顶稍绿色，胸部各节两侧各有黑斑 4 个，体上有许多不均匀的褐色小圆点。蛹体灰褐色，触角、口器、翅、足乳白色。

生活史：北京一年发生 3 代，世代重叠，以老熟幼虫在土中做丝茧越冬。翌年 4

月化蛹。4月末羽化成虫，孤雌生殖，卵产于嫩叶背面的主脉及其两侧表皮下，卵经4~5天孵化，约10天幼虫老熟。幼虫食量大，常取食叶肉，仅留主脉。幼虫有假死性，老熟后于6月末下树结茧化蛹。以后各代成虫的出现期分别为7月和9月中下旬，幼虫为害期为6月上中旬和9月上中旬，10月下树越冬。

危害： 主要危害杨树。

防治方法：

（1）早春或晚秋挖灭土中越冬茧蛹。

（2）幼虫期喷洒25%噻虫嗪水分散粒剂5 000倍液。

杨扁角叶蜂 – 幼虫 – 为害状

（延庆区永宁镇 –2022年3月15日拍摄）

杨扁角叶蜂 – 为害状

（延庆区旧县 –2004年7月13日拍摄）

28　黄连木尺蛾
Culcula panterinaria (Bremer et Grey)

鳞翅目　尺蛾科

分布范围： 北京、陕西、内蒙古、河北、山西、河南、山东、台湾、广东、广西、四川、云南。国外主要分布在日本和朝鲜。

识别特征： 成虫体长20~31 mm，翅白色，头、胸和前翅基部呈橙黄色，前翅和后翅外横线处有一串大小不等的橙色并伴有褐色的圆斑带；老熟幼虫体长60~85 mm；蛹头部有"耳状"突起，雄蛹生殖孔扁平，雌蛹生殖孔有纵向隆起。

生活史： 一年发生1代，以蛹在树冠下潮湿浅土层3 cm左右处或砖瓦石块下越冬。越冬蛹最早在6月上旬羽化，7月中下旬为羽化盛期，8月上旬为羽化末期；幼虫于7

月上旬孵化，7月下旬至8月上旬为盛期，8月中旬进入暴食期；老熟幼虫于8月中旬化蛹，9月中旬化蛹结束。

危害：幼虫取食黄连木、香椿、臭椿、刺槐、榆、槐、核桃、泡桐、侧柏等的叶片，成虫5月中旬至9月中旬灯下可见，在延庆区延庆镇孟庄村、千家店镇蔡木沟村曾危害严重。

防治方法：

（1）利用诱虫杀虫灯监测诱杀成虫。

（2）幼虫期喷洒2%除虫脲悬浮剂7 000倍液。

（3）保护利用大斑啄木鸟、喜鹊、山雀等鸟类和鳞卵黑卵蜂、家蚕追寄蝇等寄生性天敌。

黄连木尺蛾－幼虫
（延庆区菜木沟－2020年8月4日拍摄）

黄连木尺蛾－成虫
（延庆区照山洼－2020年6月30日拍摄）

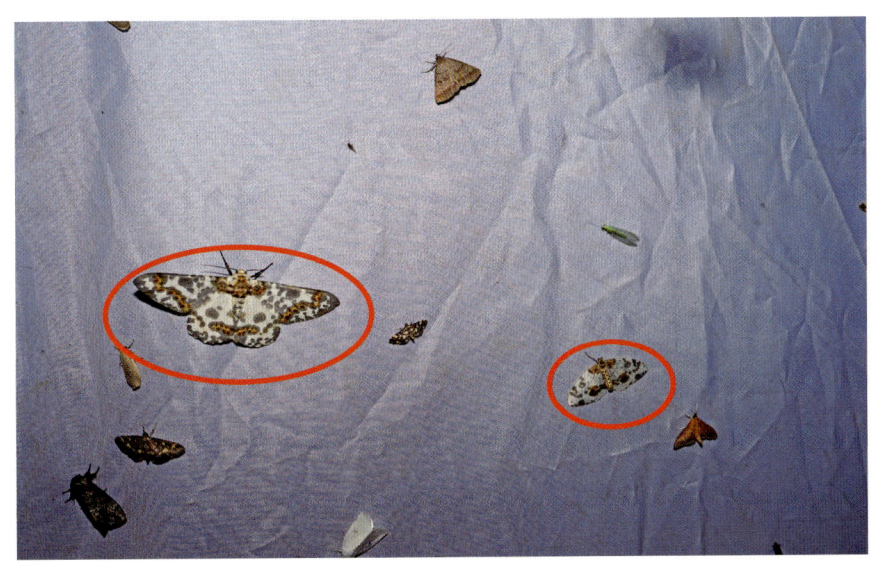

左侧：黄连木尺蛾成虫　　右侧：丝棉木金星尺蛾成虫

延庆区平原生态林常见有害生物识别及防控技术

黄连木尺蛾 – 为害状（延庆区孟庄 –2009 年 9 月 5 日拍摄）

29 春尺蛾（春尺蠖）
Apocheima cinerarius Erschoff

鳞翅目　尺蛾科

分布范围： 北京、河北、宁夏、甘肃、内蒙古、陕西、河南、山东等地。

识别特征： 成虫雌体长 7~19 mm，无翅，淡黄、灰黑或灰褐色，触角丝状，腹部各节背面有数目不等的成排黑刺，刺尖端圆钝，腹末端臀板有突起和黑刺列；雄体长 10~15 mm，翅展 28~37 mm，触角羽状，前翅淡灰褐至黑褐色，从前缘至后缘有褐色波状横纹 3 条。

卵椭圆形，长 0.8~1.0 mm，有珍珠光泽，壳上有整齐花纹；初产时灰白或赭色，后深紫色。

幼虫老熟时体灰褐或棕褐色，长 22~40 mm，第 2 腹节两侧各有瘤状突起 1 个，腹线白色，气门线淡黄色。蛹体长 1.2~2.0 mm，灰黄褐色，末端有臀刺，刺端分叉。

春尺蛾 – 雌成虫
（延庆区张山营 –2017 年 3 月 29 日拍摄）

生活史： 一年发生1代，以蛹在树冠下的土壤中越冬；2月中下旬成虫开始羽化，3月中旬进入羽化盛期，3月下旬幼虫开始孵化，4月中下旬进入暴食期，可在短时间内将成片树木叶片吃花、吃光。

危害： 杨、沙枣、柳、槐、桑、榆、苹果、梨、沙果、胡杨、槭属、沙柳、葡萄。

防治方法：

（1）雌成虫上树前，在树干胸径处缠20 cm的阻隔胶带，阻止雌成虫上树，并定期清理。

（2）于3月中旬至4月中旬灯光诱杀成虫。

（3）利用幼虫假死性，振落幼虫杀死。

（4）幼虫期喷洒20%除虫脲悬浮剂7 000倍液或春尺蛾核型多角体病毒液。

春尺蛾 – 雄成虫
（延庆区台地园 –2023年3月7日拍摄）

春尺蛾 – 卵
（延庆区下营 –2005年3月29日拍摄）

春尺蛾 – 幼虫
（延庆区下营 –2018年5月5日拍摄）

30 杨小舟蛾
Micromelalopha sieversi (Staudinger)

鳞翅目　舟蛾科

分布范围： 北京、江西、河南、河北、陕西、山东、浙江、江苏、安徽、四川、黑龙江、吉林、辽宁。

识别特征：成虫翅展 24~26 mm，体赭黄、黄褐或暗褐色，前翅有精细的灰白色横线 3 条，每线两侧衬暗边，基线不清晰，内横线在亚中褶下呈亭形分叉，外叉不如内叉明显，外横线波浪形，后翅黄褐色，臀角有赭色或红褐色小斑 1 个。

卵半球形，黄绿色。幼虫老熟时体长 21~23 mm。体灰褐、灰绿色，微带紫色光泽；头大，肉色，颅侧区各有由细点组成的黑纹 1 条，呈"人"字形，体侧各具黄色纵带 1 条，各节具有不显著的灰色肉瘤，以第 1、第 8 腹节背面的最大，上面生有短毛。蛹体近纺锤形，褐色。

生活史：一年发生 4 代，以蛹在枯枝落叶、墙缝等处越冬；第 3 代，即 8 月中下旬易出现危害。

危害：杨、柳。

防治方法：

（1）释放周氏啮小蜂和舟蛾赤眼蜂进行生物防治。

（2）黑光灯诱杀成虫。

（3）喷洒 Bt 乳剂 500 倍液、20% 除虫脲悬浮剂 7 000 倍液防治幼虫。

（4）人工摘除虫叶。

杨小舟蛾 - 成虫
（延庆区松山 - 2022 年 7 月 20 日拍摄）

杨小舟蛾 - 幼虫（延庆区张山营 - 2012 年 8 月 26 日拍摄）

31 杨扇舟蛾
Clostera anachoreta (Fabricius)

鳞翅目　舟蛾科

分布范围：全国广布。

识别特征：成虫翅展 26~43 mm，前翅顶角部分有深灰褐色扇形斑，外线穿过此斑，外衬锈红色斑。具 3 条灰白色横线，外线和横线之间尚有 1 条横线，但不达前缘。幼虫 1 节和 8 节腹背中央各有 1 个较大的红黑色或枣红色瘤。

生活史：一年发生 4 代，后期世代重叠，以蛹在树皮裂缝、落叶和土壤中结薄茧越冬，其他世代幼虫多在叶苞内化蛹；第 4 代，即 9 月下旬至 10 月上中旬易出现灾害。

危害：杨、柳。

防治方法：

（1）释放周氏啮小蜂和舟蛾赤眼蜂进行生物防治。

（2）黑光灯诱杀成虫。

（3）喷洒 Bt 乳剂 500 倍液、20% 除虫脲悬浮剂 7 000 倍液防治幼虫。

（4）人工摘除虫叶。

杨扇舟蛾 - 成虫
（延庆区大海陀 -2020 年 7 月 30 日拍摄）

杨扇舟蛾 - 幼虫
（延庆区张山营 -2017 年 9 月 8 日拍摄）

32 杨二尾舟蛾（柳二尾舟蛾）
Cerura menciana Moore

鳞翅目　舟蛾科

分布范围：全国分布（除新疆、广西、贵州外）。

识别特征：成虫翅展 54~76 mm；触角双栉状（但雌蛾栉支短）；胸背具 6 个黑点，翅基片具 2 个黑点；腹部第 1~6 节背面黑色，中央具灰白色纵带；前翅基部具众多黑点，内线近后缘具 2 个 "V" 形纹。

老熟幼虫体长 50 mm 左右，绿色，第一胸节背面前端白色，后面有 1 个三角形紫红色斑，以后呈纺锤形宽带伸向腹背末端。第四腹节有 1 条白条纹，体末有 2 个可以向外翻缩的长尾角。

生活史：一年 2 代，以蛹在树干基部或裂缝内越冬（茧坚硬）。幼虫取食杨、柳。幼虫共 5 龄，4 龄后进入暴食期。

危害：杨、柳。

防治方法：

（1）释放周氏啮小蜂和舟蛾赤眼蜂进行生物防治。

（2）黑光灯诱杀成虫。

（3）喷洒 Bt 乳剂 500 倍液、20% 除虫脲悬浮剂 7 000 倍液防治幼虫。

（4）人工摘除虫叶。

杨二尾舟蛾－幼虫
（延庆区张山营－2021 年 8 月 23 日拍摄）

杨二尾舟蛾－成虫
（延庆区松山－2022 年 7 月 20 日拍摄）

33 柳丽细蛾
Caloptilia chrysolampra (Meyrick)

鳞翅目 细蛾科

分布范围：华北、东北、西北。

识别特征：成虫体长约 4 mm，翅展约 12 mm；前翅淡黄色，近中段前缘至后缘有淡黄白色大三角形斑 1 个，其顶角达后缘，后缘从翅基部至三角斑处有淡灰白色条斑 1 个，停落时两翅上的条斑汇合在体背上呈前钝后尖的灰白色锥形斑，翅缘毛较长，淡灰褐色，尖端的缘毛为黑色或带黑点。顶端翅面上有褐斑纹。触角长过腹部末端。足长约接近体长，白、褐相间。

幼虫老熟体长约 5.3 mm，长筒形，略扁，幼龄时乳白色略带黄色，近老熟时黄色略加深。

生活史：该虫以 1~3 龄幼虫潜叶为害，潜伏在叶肉层里，被害处常形成 3~5 mm² 大小的黑斑；4~7 龄幼虫自叶片上部卷叶为害，钻出叶层，不断甩头吐丝，卷出三角棕形的叶巢，然后待在里面继续吃，直到化蛹、羽化飞出。所卷部分占整个叶片的 1/3。为害时，整株柳条上布满直径为 5~10 mm 的小粽子。严重影响柳条的光合作用，阻碍其正常生长。

危害：柳树。

防治方法：

（1）虫量小时可摘除虫包。

（2）低龄幼虫时于傍晚喷洒高效氯氰菊酯 1 000 倍液。

柳丽细蛾 – 为害状
（怀来月亮岛 –2016 年 8 月 3 日拍摄）

柳丽细蛾 – 幼虫
（怀来月亮岛 –2016 年 8 月 3 日拍摄）

（3）保护利用天敌。

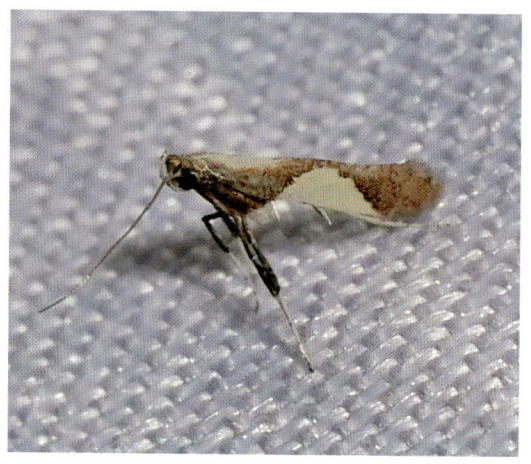

柳丽细蛾－成虫（密云区云湖－2024年5月28日拍摄）

34 白杨透翅蛾
Paranthrene tabaniformis (Rottemburg)

鳞翅目　透翅蛾科

分布范围：北京、河北、辽宁、内蒙古、江苏、陕西、河南、甘肃、宁夏。

识别特征：翅展32.0~36.0 mm。头部半圆，颈片黄色，触角棒状，胸背和肩片、腹背青黑色，腹部第2节、第4节、第6节末有黄色环毛，腹端青黑色刷状毛丛有2束黄毛。前翅狭长，赤褐色，肩角黄色。后翅透明，翅脉褐色，缘毛灰褐色。

生活史：在华北地区多为一年1代，少数一年2代。以幼虫在枝干隧道内越冬。翌年4月初取食为害，4月下旬幼虫开始化蛹，成虫5月上旬开始羽化，盛期在6月中旬到7月上旬，10月中旬羽化结束。卵始见于5月中旬，少部分孵化早的幼虫，若环境适合，当年8月中旬还可化蛹，并羽化为成虫，发生第2代。成虫飞翔力强而迅速，夜间静伏。卵多产于叶腋、叶柄、伤口处及有绒毛的幼嫩枝条上。卵细小，不易发现。卵期7~15天。幼虫8龄。

危害：杨。初龄幼虫取食韧皮部，4龄以后蛀入木质部为害。幼虫蛀入后，通常不再转移。9月底，幼虫停止取食，以木屑将隧道封闭，吐丝做薄茧越冬。

防治方法：

（1）选择抗虫树种。

第二章 杨柳树害虫

（2）人工防治。幼虫初蛀入时，发现有蛀屑或小瘤，要及时剪除或削掉，或向虫瘿的排粪处钩、刺杀幼虫。秋后修剪时将虫瘿剪下烧毁。

白杨透翅蛾 - 幼虫
（延庆区张山营 -2010 年 7 月 29 日拍摄）

白杨透翅蛾 - 成虫
（延庆区张山营 -2007 年 5 月 7 日拍摄）

白杨透翅蛾 - 蛹
（延庆区张山营 -2007 年 5 月 17 日拍摄）

白杨透翅蛾 - 为害状
（延庆区张山营 -2010 年 7 月 29 日拍摄）

 柳毒蛾（杨雪毒蛾）
Leucoma candida (Staudinger)

鳞翅目　毒蛾科

分布范围：东北、西北、华北。

识别特征：成虫体长 11~20 mm，翅展 33~55 mm，全体白色绒毛；前后翅均呈白色并微带丝质光泽；触角主干有黑白相间环纹，栉齿灰褐色；足白，胫节、跗节黑白相间。

老熟幼虫体长35~45mm，灰黑色。头部暗黄褐色，背线褐色，亚背线两侧黄棕色，其下有一条灰黑色纵带。胸部每节有6个，腹部每节有4个疣状，第1、第2、第6、第7节有灰黑色横带，腹部第6、第7节翻缩线浅红褐色。

生活史：北京一年发生2代，少数3代，以2~3龄幼虫在树皮缝中越冬。翌年4月下旬越冬幼虫开始活动，5月上中旬为越冬代幼虫为害盛期。6月中下旬和8月上中旬分别为各代幼虫为害期。卵产在树干表皮、枝条、叶背等处，形成如泡沫体状白色卵块。初龄幼虫于叶背只取食叶肉，有群集性，触动时能吐丝下垂，3龄后取食整个叶片。

柳毒蛾－幼虫
（延庆区黑龙庙－2021年8月30日拍摄）

危害：棉花、茶树、杨、柳、栎树、栗、樱桃、梨、梅、杏、桃等。

防治方法：

（1）在树木附近、树上、建筑物上、砖石底下等处，捕杀幼虫、蛹、成虫、卵块。

（2）于低龄幼虫期喷8 000倍的20%灭幼脲1号胶悬剂，或于较高龄幼虫期喷400~500倍的每毫升含孢子100亿个以上的Bt乳剂。

柳毒蛾－蛹
（延庆区黑龙庙－2021年8月17日拍摄）

柳毒蛾－成虫
（延庆区三潭沟－2024年6月19日拍摄）

36 杨毒蛾（柳雪毒蛾、雪毒蛾）
Leucoma salicis (Linnaeus)

鳞翅目　毒蛾科

分布范围：北京、河北、山西、东北、陕西、甘肃、青海、华东、华中、四川、云南。

识别特征：成虫翅展雄蛾 35~42 mm，雌蛾 48~52 mm；体白色，触角干纯白色，栉齿黑褐色；下唇须黑色；足白色，具黑环；翅白色，鳞片排列密，不透明。

老熟幼虫体长 28~41 mm，体黄白色。头部黑色，背中线宽，黄白色纵带两侧各有 1 条黑色纵带，腹部第 1、第 2 节及第 6、第 7 节背面各具短黑色横带，体节两侧各生有棕黄色毛瘤状 3 个。

生活史：一年 2 代，以低龄幼虫在树干缝隙等处越冬。幼虫取食杨、柳叶（幼龄期取食叶肉），多在夜间取食而白天潜伏。北京 6—9 月可见成虫，具趋光性。

危害：杨、柳。

杨毒蛾 – 成虫
（延庆区下湾 –2022 年 7 月 13 日拍摄）

杨毒蛾 – 幼虫（延庆区三里河 –2023 年 6 月 5 日拍摄）

37 杨枯叶蛾（杨褐枯叶蛾）
Gastropacha populiolia Esper

鳞翅目　枯叶蛾科

分布范围：华北、东北、西北、华中。

识别特征：成虫体、翅黄褐或橙黄色，前翅窄长，内缘短，有黑色断续的波状纹5条；后翅有明显的黑色斑纹3条。卵圆形，灰白色，有黑色斑纹，覆盖灰黄色绒毛。

幼虫头棕色，较扁平，体灰褐，中后胸背面有蓝黑色斑1块，斑后有赤黄色横带，第8腹节背有大瘤1个，第11腹节背有瘤突；背中线褐色，侧线呈倒"八"字形黑褐纹，体侧各节各有褐色毛瘤1对，各瘤上方为黑色"V"形斑。

生活史：北京一年发生1代，以幼龄幼虫在干、枝或枯叶中越冬。翌年4月幼虫开始活动，6月在干、枝上做茧化蛹，7月初成虫开始羽化，有趋光性，产卵于枝叶上，每雌产卵200~300粒，7月孵化，卵期约12天。

危害：杨、柳、苹果、李、杏、梨。

防治方法：

（1）人工捕杀枝干上幼虫。

（2）黑光灯诱杀成虫。

（3）幼虫发生严重期，喷洒100亿个孢子/mL Bt乳剂500倍液或3%啶虫脒乳油1 000倍液。

杨枯叶蛾－幼虫
（延庆区沈家营－2022年4月4日拍摄）

杨枯叶蛾－成虫
（延庆区野鸭湖－2022年6月30日拍摄）

CHAPTER 03

第三章　榆树害虫

38 红足壮异蝽
Urochela quadrinotata Reuter

半翅目 异蝽科

分布范围：黑龙江、吉林、辽宁、北京、河北、山西、陕西、甘肃等地。

识别特征：成虫体长约 15 mm，背扁平，赭色略带红色；头、胸部及体腹面土黄或浅赭色；背部除头外均有黑刻点；头小，触角长，头、触角基后方中央有横皱纹；前胸背板胝部有斜行线斑 2 枚，侧缘中部向内凹陷成波状，背侧缘向中部凹入，前、后胸侧板后缘有细而稀疏的黑刻点；小盾片基角呈一黑椭圆刻痕；侧接缘有黑、黄相间的长方形斑；翅上有黑点 2 个；翅革质部发达，上有黑斑 2 个，足红褐色。

生活史：一年发生 1 代，以成虫在石块下、土缝、落叶枯草中越冬。7—9 月为成虫发生盛期。成虫和若虫均可为害，其为害部位主要为叶芽、嫩叶、花芽、嫩枝以及果实；若虫有群集为害的习性，成虫多分散活动；主要为害榆树幼树和梨树幼果。叶片受害后，轻则部分叶面变黄，重则逐渐枯黄，甚至形成小枝枯死的现象。梨果实受害后组织硬化并形成畸形果。

危害：榆、榛、梨。成虫和若虫均可为害，尤其对榆树幼树和梨树幼果为害较重。其为害部位主要为叶芽、嫩叶、花芽、嫩枝以及果实。

防治措施：

（1）清除林间杂草，消灭越冬成虫。

（2）低龄幼虫期，使用苦参碱、啶虫脒喷雾防治。

红足壮异蝽－低龄若虫（延庆区永宁镇－2019 年 6 月 15 日拍摄）

红足壮异蝽－高龄若虫（延庆区黄石碴－2020 年 9 月 9 日拍摄）

红足壮异蝽－成虫（延庆区六道河－2024 年 9 月 12 日拍摄）

39 秋四脉绵蚜
Tetraneura akinire Sasaki

半翅目　瘿绵蚜科

分布范围：河南、内蒙古、宁夏、甘肃、陕西、辽宁、山东等地。

识别特征：无翅孤雌蚜淡黄色，薄被白粉，近圆形，触角5节，跗节1节，无腹管。有翅孤雌蚜、头、胸黑色，腹部绿色；触角第3节有环状感觉圈9~14个，第4节为2~4个，第5节为8~11个；喙短粗，超过前足基节，端部有刚毛3对；前翅中脉单一，各翅脉镶黑边，后翅仅有一斜脉，无腹管。

生活史：一年发生10代，以卵在枝干裂缝等处越冬。翌年4月下旬孵化为干母若蚜，5月上旬在榆树叶面形成袋状虫瘿，干母潜伏其中为害。5月中旬干母老熟，在虫瘿中胎生仔蚜，5月下旬至6月上旬，有翅孤雌蚜长成，迁往高粱等根部胎生繁殖为害，9月下旬又产生有翅性母，飞回榆树枝干上产生性蚜，产卵越冬，每雌产1粒卵。

危害：榆。

防治措施：

（1）初夏虫瘿未破裂前，及时摘除虫瘿，防止其扩散蔓延。

（2）4月下旬卵孵化后至虫瘿形成前，喷洒吡虫啉对榆树喷雾防治。

（3）9月下旬至10月上旬，使用吡虫啉喷药防治。

秋四脉绵蚜－为害状
（延庆区佛爷顶－高立丽2024年6月11日拍摄）

秋四脉绵蚜－为害状
（延庆区佛爷顶－高立丽2024年6月11日拍摄）

40 榆近脉三节叶蜂
Aproceros leucopoda Takeuchi

膜翅目　三节叶蜂科

分布范围：北京、甘肃等地。

识别特征：雌成虫体长6~7 mm。体呈亮黑色，无金属光泽。上唇呈深棕色，上颚顶部棕色；前胸背板部分脏黄色。并胸腹节后部白色（除最边缘部分）；触角深棕色，带有不同程度的灰色；足白色，基节、转节和腿节或多或少呈现黄色，基节底部黑色，最顶部和胫节后部的距略显褐色。翅烟黑色，翅脉和翅痣深棕色。头光滑、无刻点，被有稀疏灰或黑色短柔毛。头短而宽，从上面看，头的宽是长的3倍，复眼后面变得更狭窄。唇基的前缘平截，前幕骨陷很深，与触角窝相连，侧窝沟状。额区台状隆起，但无额脊。

生活史：一年发生4代，以预蛹在树下表土层及石块下越冬。4月下旬成虫出茧羽化，成虫产卵于叶片边缘锯齿尖端的表皮下，产卵处叶背可见泡状隆起。

危害：主要危害榆树，白榆、黑榆、钻天榆等。

防治方法：

（1）冬、春季至成虫羽化之前人工挖除表土茧或利用该虫羽化比较整齐的特性于5月中下旬、6月下旬、7月中下旬、8月中下旬摘除叶背茧，集中烧毁，以压低当年虫口基数。

（2）在天敌较多的林分，严禁使用化学药剂，以保护利用天敌，榆近脉三节叶蜂天敌有白僵菌、猎蝽、蚂蚁、蜘蛛等。

（3）用25%灭幼脲Ⅲ号胶悬剂防治3龄前幼虫，防效可达95%以上，用2.5%溴氰菊酯乳油5 000倍液防治3龄后幼虫，防效可达93%以上。

榆近脉三节叶蜂－卵（延庆区米家堡－2012年8月27日拍摄）

榆近脉三节叶蜂 - 幼虫
（延庆区米家堡 -2012 年 8 月 9 日拍摄）

榆近脉三节叶蜂 - 成虫
（延庆区松山 -2023 年 5 月 17 日拍摄）

41 榆红胸三节叶蜂
Arge captiva (Smith)

膜翅目　三节叶蜂科

分布范围：北京、河北、内蒙古、吉林、辽宁、甘肃、陕西、宁夏、山东、河南、湖北、上海、浙江、福建、湖南、贵州、广东等地。

识别特征：雌蜂体长 10.0~11.0 mm。体和足黑色，具较弱但明显的蓝色金属光泽，触角黑褐色，前中胸部背板和中胸侧板红褐色，小盾片后端有时黑色。触角 3 节，第 3 节很长。翅烟褐色，具弱蓝紫色光泽，翅脉和翅痣黑色，痣下具小型烟色斑块。体毛银褐色，触角、锯鞘和翅面细毛黑褐色。体粗壮。头部前侧和背侧前部具细小刻点，虫体其余部分光滑，无刻点。颚眼距等于或稍窄于单眼直径；唇基下沉，边缘锐薄，缺口浅弧形；复眼中等大。颜面强烈隆起；额区隆起，中部不稍凹，额脊低钝。

生活史：一年发生 4 代，以老熟幼虫在树冠下 2~4 cm 表土中做茧越冬。翌年 3 月下旬开始化蛹，蛹期 8~9 天，成虫羽化后在茧内停留 2~3 天出茧。4 月上旬至 4 月中旬成虫羽化产卵，卵期 7~9 天。4 月下旬幼虫开始孵化，幼虫经 13~25 天老熟，气温较低时幼虫发育历期可延长。成虫 4 月上旬至 4 月下旬、5 月下旬至 7 月上旬、7 月下旬至

榆红胸三节叶蜂 - 幼虫
（延庆区白塔南沟 -2027 年 9 月 12 日拍摄）

8月中旬、9月上旬至9月中旬出现。各代成虫发生期不整齐，有世代重叠现象。9月下旬至10月上旬幼虫老熟后下树入土结茧越冬。

危害：主要危害榆树、贴梗海棠。

防治方法：

（1）春季至成虫羽化前人工挖除越冬茧集中销毁以消灭茧内幼虫或蛹。

（2）保护和利用自然天敌，从而降低虫口数量，榆红胸三节叶蜂的自然天敌有姬小蜂、白基卷唇姬蜂；在天敌较多的林分，严禁使用化学药剂，以保护和利用自然天敌进行生物防治。

（3）做好测报工作，利用5%高氯甲维盐 1 000~1 500 倍液防治3龄前幼虫，防效达96%以上。

榆红胸三节叶蜂 - 高龄幼虫
（延庆区大榆树镇 -2018 年 8 月 29 日拍摄）

榆红胸三节叶蜂 - 茧
（延庆区张山营 -2016 年 11 月 2 日拍摄）

榆红胸三节叶蜂 - 成虫
（延庆三潭沟 -2024 年 6 月 18 日拍摄）

42 榆凤蛾
Epicopeia mencia Moore

鳞翅目　凤蛾科

分布范围：东北、西北、华北、华东。

识别特征：成虫体长约 20 mm，翅展 60~85 mm，形似乌凤蝶，体和翅黑褐色，后翅后角有尾状突起，沿其后缘有红斑 2 列；前胸肩板上有红点 2 个，腹末几节后缘红色。卵扁圆球形，灰白至黄色，有光泽。幼虫老熟时体长 45~60 mm，全身厚被白色蜡粉，去蜡粉后体淡绿色，背线黄色，各节末端有圆黑点 1 个，腹足外侧有近三角形黑褐斑 1 块。蛹体黑褐色，茧椭圆形，土色。

生活史：一年发生 1 代，以老熟幼虫在寄主周边的土壤中吐丝黏结土粒做茧化蛹越冬。6 月成虫羽化，雌虫产卵于叶面上；9 月老熟幼虫下树越冬。

危害：榆。

防治方法：

（1）人工振动树干捕杀落地幼虫。

（2）人工捕杀成虫。

榆凤蛾 - 为害状

（延庆区北地 -2024 年 8 月 29 日拍摄）

榆凤蛾 - 幼虫

（延庆区北地 -2024 年 8 月 29 日拍摄）

榆凤蛾 - 成虫

（延庆区茨顶 -2021 年 8 月 4 日拍摄）

43 榆黄足毒蛾（榆毒蛾）
Ivela ochropoda (Eversmann)

鳞翅目　毒蛾科

分布范围：河北、内蒙古、山西、东北、陕西、山东、河南。

识别特征：成虫体长约 15 mm，翅展约 38 mm，白色；触角栉齿状，主干白色，栉齿黑色；前足腿节端半部、胫节和跗节鲜黄色，中足和后足胫节端半部、跗节鲜黄色。卵灰黄色，鼓形。幼虫老龄体长约 33 mm，灰黄色；头灰褐色，背线黑色，亚背线黄色，亚背线与气门上线间各节有白色毛瘤，毛瘤基部黑色，气门线灰黄色，第 1、第 2 和第 7、第 8 腹节毛瘤黑色而明显，其余为白色；腹部第 6、第 7 节各有翻缩腺 1 个。蛹体棕黄色，腹面青灰色，头顶有黑褐色毛 2 束。

生活史：北京一年发生 2 代，以幼虫在树皮裂缝中越冬。翌年 4 月开始活动为害，6 月化蛹，7 月成虫羽化。成虫趋光性很强，产卵于枝条和叶背面，相连成串，卵期约 10 天。初孵幼虫啃食叶肉，大龄幼虫沿叶缘蚕食，常把叶片蚕食光。4—10 月是幼虫为害期，10 月下旬随气温下降而相继越冬。

危害：白榆、榔榆、月季、馒头柳。

防治方法：

（1）黑光灯诱杀成虫。

（2）幼虫期用 20% 除虫脲悬浮剂 7 000 倍液或 1.2% 烟参碱 2 000 倍液进行喷洒。

榆黄足毒蛾 – 幼虫

（延庆区八达岭 –2023 年 5 月 19 日拍摄）

榆黄足毒蛾 – 蛹

（怀来月亮岛 –2016 年 9 月 3 日拍摄）

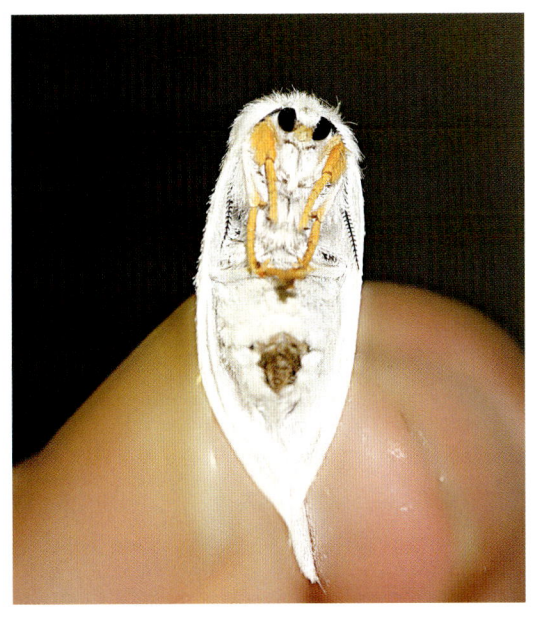

榆黄足毒蛾 - 成虫

（延庆区八达岭 -2020 年 6 月 11 日拍摄）

榆黄足毒蛾 - 成虫

（延庆区八达岭 -2024 年 8 月 22 日拍摄）

 44 折带黄毒蛾
Euproctis flava (Bremer)

鳞翅目　毒蛾科

分布范围： 华北、东北、陕西、甘肃、华东、华中、广东、广西、四川、贵州、云南。

识别特征： 成虫体浅橙黄色；前翅黄色，内、外线浅黄色，从前缘外斜至中室后缘折角后内斜，两线间布棕褐色鳞，形成折带，翅顶区有棕褐圆点 2 个；后翅黄色。卵扁圆形，淡黄色。幼虫头黑色，体黄褐色；背线细橙黄色，在第 1~3、第 9~10 腹节中断，中后胸及第 9 腹节较宽；气门下线橙黄线；第 1、第 2 和第 8 腹节背面有黑色大瘤，瘤上生黄褐

折带黄毒蛾 - 幼虫

（延庆区下德龙湾 -2022 年 6 月 21 日拍摄）

色或浅黑褐色长毛。蛹体黄褐色，背被短毛，臀棘末端有钩。茧椭圆形，灰白色。

生活史：一年发生 2 代，以 4~5 龄幼虫群集在枯枝落叶层下、寄主根际枯草和土缝等处越冬。翌年春天开始为害，6 月中下旬越冬代老熟幼虫在枯枝落叶层下结茧化蛹，6 月下旬至 7 月上中旬出现第 1 代成虫，8 月下旬出现第 2 代成虫。

危害：红瑞木、樱桃、苹果、梨、桃、海棠、柿、蔷薇、栎、榉、槭属、槐、柏。

防治方法：

（1）利用幼龄幼虫和越冬幼虫吐丝结网群集叶背的习性，人工捕杀幼虫。

（2）灯光诱杀成虫。

（3）保护天敌（小茧蜂寄生蝇）。

折带黄毒蛾 – 为害状

（昌平区长峪城 –2024 年 9 月 10 日拍摄）

折带黄毒蛾 – 成虫

（延庆区三潭沟 –2020 年 8 月 11 日拍摄）

45 榆剑纹夜蛾
Acronicta hercules (Felder & Rogenhofer)

鳞翅目　夜蛾科

分布范围：黑龙江、河北、福建。

识别特征：成虫头、胸部灰色，腹部黄褐色；前翅灰褐色，基线、内线双线及环纹黑褐色，肾状中央黑色，肾、环纹间有一黑条，外线、亚外线锯齿形。幼虫老龄体长约 45 mm，扁圆，黄褐色，有蓝色闪光；前胸较细；腹节刚毛棕褐色，端部膨大；背线黑褐色，气门下方及腹面有成丛毛瘤，各具刚毛 5~6 根；第 8 腹节背面隆起。

生活史：北京一年发生 1 代，以老熟幼虫在树皮裂缝、树洞等处吐丝做茧化蛹越冬。翌年 6—7 月出现成虫，成虫趋光性强，卵分散单产于叶面。

危害：榆。

防治方法：

（1）灯光诱杀成虫。

（2）幼虫期喷洒 20% 除虫脲悬浮剂 7 000 倍液。

（3）冬季摘除越冬茧。

榆剑纹夜蛾 - 幼虫

（延庆区乌龙峡谷 - 2020 年 9 月 2 日拍摄）

榆剑纹夜蛾 - 成虫

（延庆区青龙谷 - 2024 年 5 月 13 日拍摄）

46　榆斑蛾
Illiberis ulmivora Graeser

鳞翅目　斑蛾科

分布范围：东北、西北、华北、山东、河南。

识别特征：成虫体长约 10 mm，淡黑至黑褐色，翅半透明；腹背各节后缘有黄褐鳞片，腹侧及腹末黄褐色，后渐淡；足黑褐色，被黄褐色鳞毛。卵长椭圆形，米黄至黄褐色。幼虫体长约 10 mm，长筒形，黄色，粗短，多毛；头黑色，小，缩入前胸内；中、后胸及第 3~5、第 8~9 腹节黑色，每体节两侧各有毛瘤 5 个，上生白色细毛。蛹体扁长筒形，黄至黄褐色。

生活史：北京一年发生 1 代，以老熟幼虫在落叶层、建筑物缝隙及虫孔道内结茧化蛹越冬。成虫期 5—7 月，卵期 6—8 月，幼虫期 6—10 月。成虫产卵于幼叶背面，卵粒排列成块，整齐。幼龄幼虫群集，3 龄后分散。蛹期长达 9 个月。

危害：榆。

防治方法：

（1）清除枯枝落叶，消灭越冬蛹。

（2）在 3 龄幼虫前向枝叶喷洒 20% 除虫脲悬浮剂 7 000 倍液。

（3）灯光诱杀成虫。

榆斑蛾 – 幼虫（延庆区大柏老村 –2021 年 8 月 21 日拍摄）

47 榆掌舟蛾
Phalera takasagoensis (Matsumura)

鳞翅目　舟蛾科

分布范围：东北、华北、华东、华中和西北等地。

识别特征：成虫体长约 20 mm，翅展约 60 mm，前翅灰褐色，顶端有黄白色掌形大斑 1 个，外线沿顶角斑一段黑色，后角有黑色斑纹 1 个，后翅灰褐色。卵圆形，红白色，后黑褐色。幼虫老熟体长约 60 mm，黑褐色，亚背线、气门上线和气门下线白色，头黑色，前胸至第 8 腹节有淡黄色纵条 8 条，每体节上有橙红色横纹 1 条，第 3~6 腹节的横纹直达腹足外侧；全身被黄褐色长毛，气门下侧毛红色。蛹体深褐色，长约 35 mm。

生活史：北京一年发生 1 代，以蛹在树周土中越冬。翌年 7 月成虫羽化，有趋光性。雌蛾产卵于叶背，块状，排列不整齐，卵约经 1 周孵化。幼龄幼虫群集为害，把叶片食成白色透明网状，3 龄后分散活动，昼伏夜出，严重时把整叶食光仅留下叶柄。9 月中旬幼虫入土化蛹。

危害：榆、栎。

防治方法：

（1）冬、春在树下挖蛹消灭。

（2）幼龄幼虫群栖时人工摘除虫叶杀灭，或者喷洒 20% 除虫脲悬浮剂 7 000 倍液。

（3）成虫期灯光诱杀。

榆掌舟蛾 - 幼虫
（延庆区滴水湖 -2021 年 8 月 28 日拍摄）

榆掌舟蛾 - 为害状（延庆区乌龙峡谷 -2020 年 9 月 2 日拍摄）

榆掌舟蛾 - 成虫（延庆区张山营 -2021 年 7 月 23 日拍摄）

48 榆绿天蛾
Callambulyx tatarinovi (Bremer et Grey)

鳞翅目　天蛾科

分布范围：华北、东北、宁夏、山东、河南。

榆绿天蛾 - 幼虫
（延庆区四海镇 -2020 年 8 月 12 日拍摄）

识别特征：成虫体长 20~35 mm；头绿色，两触角间有白纹相连；胸背两侧淡绿色；腹背绿色，各腹节后缘具白边；前翅绿色，内、外线深绿色，不规则弯曲，后缘及翅基部色浅，臀角黑短纹 4 条，翅顶角白纹内斜；后翅鲜红色，外缘绿色，前、后缘白色，臀角有暗色横线。卵球形，淡绿至灰绿色。幼虫初龄体粉绿色，头大胸细，颗粒白色；老龄体长 58~67 mm，绿色或黄绿色；头近三角形，体密生淡黄色颗粒；胸部小环节明显；每腹节各有横皱褶 7 个，腹侧有较大颗粒排列的黄白斜纹 7 条，以 1、3、5、7 节上更显；尾角紫绿色，直，有白色小颗粒。体色分两个色型：绿色型，全体绿色，颗粒黄白色，斜纹紫褐色，气门黄褐色，腹足下缘横带淡黄色；赤斑型，全体黄绿色，颗粒白色，斜纹橘红色，气门黄色，腹足下缘横带棕褐色。

生活史：一年发生 2 代，以蛹在土壤内越冬；6 月上旬成虫羽化，6 月下旬至 8 月为幼虫发生期；9 月老熟幼虫入土化蛹越冬；卵单产于叶片，幼虫孵化后，先啃食叶表皮，稍长大后蚕食叶片。

危害：榆、榉、卫矛、柳、杨。

防治方法：黑光灯诱杀成虫。

榆绿天蛾 - 成虫（延庆区松山 -2021 年 6 月 25 日拍摄）

49 榆绿毛萤叶甲（榆蓝叶甲）
Pyrrhalta aenescens (Fairmaire)

鞘翅目　叶甲科

分布范围：北京、陕西、甘肃、内蒙古、吉林、辽宁、河北、山西、河南、山东、江苏、台湾。

识别特征：成虫体长7.5~9.0 mm。全身被毛，橘黄色至黄褐色，头顶及前胸背板各具1个和3个黑斑，鞘翅绿色。触角背面黑色，第3节约是第2节长的2倍。

生活史：一年发生1~2代，以成虫在建筑物缝隙及枯枝落叶下越冬。榆树发芽期（4月上旬）越冬成虫开始啃食芽叶或枝条嫩皮；5月上旬幼虫开始为害；6月上旬老熟幼虫群集在榆树枝干的伤疤处化蛹；成虫寿命较长，但越冬死亡率高。

危害：榆。

防治措施：

（1）成虫发生期，使用苦参碱等植物源药剂喷雾防治。

（2）初孵幼虫期，使用吡虫啉等喷雾防治。

（3）6月上旬和8月下旬，人工清除树干上集中化蛹的老熟幼虫。

榆绿毛萤叶甲－幼虫（延庆区佛爷顶－2021年7月4日拍摄）

榆绿毛萤叶甲－成虫（延庆区松山－2022年7月20日拍摄）

榆绿毛萤叶甲－为害状（赤城云州－2021年5月18日拍摄）

50 榆黄毛萤叶甲（榆黄叶甲）
Pyrrhalta maculicollis (Motschulsky)

鞘翅目　叶甲科

分布范围：北京、陕西、甘肃、黑龙江、吉林、辽宁、河北、山西、河南、山东、江苏、浙江、江西、福建、台湾、广东、广西。

识别特征：成虫体长 6.0~7.5 mm。全身被毛，黄褐色至褐色，触角大部黑色，头顶及前胸背板各具 1 个和 3 个黑斑，鞘翅肩部具黑斑。幼虫腹部末节具大黑斑。

生活史：一年 2 代，以成虫越冬。成虫和幼虫取食榆幼虫在地面杂草下群集化蛹；北京 4—10 月可见成虫。

危害：榆。

防治措施：

（1）成虫发生期，使用苦参碱等植物源药剂喷雾防治。

（2）初孵幼虫期，使用吡虫啉等喷雾防治。

（3）6 月上旬和 8 月下旬，人工清除树干上集中化蛹的老熟幼虫。

榆黄毛萤叶甲 - 幼虫（延庆区下屯 -2011 年 6 月 25 日拍摄）

第三章 榆树害虫

榆黄毛萤叶甲-幼虫
（延庆区白塔南沟-2024年9月12日拍摄）

榆黄毛萤叶甲-成虫
（延庆区大榆树镇-2016年8月3日拍摄）

51 榆紫叶甲
Ambrostoma quadriimpressum (Motschulsky)

鞘翅目　叶甲科

分布范围：北京、内蒙古、黑龙江、吉林、辽宁、河北、山东、浙江、江苏。

识别特征：成虫体长 8.5~11.0 mm。体背金绿色，间有紫铜色，鞘翅基部凹陷之后具 5 条规则的紫铜色纵条纹，足紫罗兰色。前胸背板侧缘较直，背板两侧具粗大刻点，后缘刻点密，相对较细。

生活史：一年 1 代，以成虫在土中或树洞中越冬。4 月上旬越冬代成虫取食芽和幼叶，5 月下旬老熟幼虫入土化蛹，6 月上旬第 1 代成虫大量取食，进入夏季高温季节群集于树干阴凉处夏眠，9 月下旬进入越冬状态。

危害：榆。

防治措施：

（1）阻隔法防止成虫上树为害。

（2）利用成虫假死性，摇振枝干人工捕杀。

（3）使用高渗苯氧威等药剂喷雾防治幼虫。

（4）保护利用螳螂、赤眼蜂、寄生

榆紫叶甲-卵
（延庆区张山营-2015年6月8日拍摄）

蝇和蠋蜻等天敌昆虫。

榆紫叶甲 - 幼虫

（延庆区大吉祥村 -2023 年 5 月 29 日拍摄）

榆紫叶甲 - 成虫

（延庆区曹官营 -2021 年 9 月 10 日拍摄）

52 榆跳象
Orchestes alni (Linnaeus)

鞘翅目　象甲科

分布范围：北京、河北、陕西、宁夏、甘肃、内蒙古、吉林、辽宁、天津、江苏、上海、安徽。

识别特征：成虫体长 2.6~3.1 mm。体背及足棕色，小盾片黑褐色。鞘翅基部具黑色斑纹，2/3 处也有黑斑，独立或相连；雄虫斑纹明显，雌虫斑纹小或无。喙较粗，弯曲，常位于胸下。鞘翅具 10 条刻点列。后足腿节膨大。

生活史：成虫在榆叶反面的中脉上产卵，幼虫潜叶；5—6 月即可见新一代成虫取食嫩叶，即可进入越冬状态，成虫偶尔会上灯。

危害：榆。

防治措施：

（1）保护寄生蜂和鸟类等天敌。

（2）越冬代成虫出蛰为害期，喷高渗苯氧威。

（3）幼虫孵化后，喷洒阿维菌素防治。

榆跳象 - 成虫

（延庆区大营 -2022 年 4 月 17 日拍摄）

53 榆锐卷叶象
Tomapoderus ruficollis Fabricius

鞘翅目　卷象科

分布范围：北京、河北、山西、山东、江苏、安徽、贵州、东北。

识别特征：成虫体长 5.6~7.6 mm，体黄色至橘黄色，鞘翅青蓝色，具金属光泽，触角除基节外褐色，头顶及复眼后有时具黑斑；前胸背板长于宽，钟罩形，中沟两侧具半月形深刻痕。

生活史：一年 2 代，以成虫在枯枝落叶或表土中越冬。寄主为多种榆和榉。成虫取食叶片，产卵前把一片叶子卷成筒状，产卵其中，幼虫在其中取食和生活。北京 5 月、7—10 月可见成虫。

危害：榆。

榆锐卷叶象 - 为害状
（延庆区大庄科旺泉沟 -2007 年 7 月 25 日拍摄）

榆锐卷叶象 - 蛹
（延庆区旺泉沟 -2007 年 7 月 25 日拍摄）

榆锐卷叶象 - 成虫
（延庆区乌龙峡谷 -2020 年 9 月 2 日拍摄）

54 白钩蛱蝶
Polygonia c-album (Linnaeus)

鳞翅目　锤角亚目

分布范围：全国各地。

识别特征：中型蝶，翅展 49~55 mm，体长 14~19 mm，触角 10~12 mm，白钩蛱蝶成虫有春型、夏型和秋型之分，色彩和外形有较大的差异。春型翅面黄褐色，夏型色艳体大，秋型略带红色，反面秋型为黑褐色，双翅外缘的角突顶端春型稍尖，秋型则浑圆，后翅反面均有"工"字形银色纹，秋型颜色鲜艳。

生活史：白钩蛱蝶在大兴安岭地区一年3代，以悬蛹固着在枝条上越冬，幼虫与成虫世代交替。第1代成虫在翌年4月上旬羽化，4月下旬产卵，卵期6~8天，卵散产于榆叶的正面，每叶2~5粒。4月底前孵化，初孵幼虫取食卵壳，留存部分卵壳附在榆树叶片上，幼虫主要以榆树叶片为食，食物短缺时也以忍冬科及其他植物为食。5月上旬，幼虫经历3次蜕皮，在5月中下旬化蛹，6月上旬羽化为第2代成虫。成虫在6月中旬产卵，7月中旬化蛹，幼虫也以榆树叶片为食。7月下旬羽化，8月上旬产卵，8月中旬孵化，9月中旬化蛹越冬。由于世代交替，也有极少数成虫越冬现象。

危害：大麻、黄麻、朴、榆、忍冬。

防治方法：保护和利用白钩蛱蝶的天敌昆虫异色瓢虫进行生物防治。

白钩蛱蝶－幼虫
（延庆区偏坡峪－2022年8月3日拍摄）

白钩蛱蝶－成虫
（延庆区松山－2023年7月25日拍摄）

55 黄钩蛱蝶
Polygonia c-aureum (Linnaeus)

鳞翅目　蛱蝶科

分布范围： 全国。

识别特征： 体长 18 mm 左右，翅展 45~61 mm，为中型蝶类。翅缘凹凸分明，前翅 2 脉和后翅 4 脉末端突出部分尖锐（秋型更加明显）；前翅前缘暗色，外缘有黑褐色波状带，反翅外缘和亚缘各有一黑褐色波状带（秋型色淡些）；前翅中室内有黑褐色斑，有时外边两斑相连。中室端有一长形黑褐色斑，中室与顶角间有一道矩形黑褐斑，中室外有 4 个排成"品"字形黑褐斑，其中后缘外侧斑纹内有一些青色鳞。后翅基半部有几个黑褐斑作歪形排列，其中外侧 1~3 个斑内有一些青色鳞。夏型翅面黄褐色，秋型翅面红褐色。翅反面后翅中央有银白色"L"纹十分醒目。夏型黄色，由褐色波状细线组成斑纹；秋型雄蝶黄褐色，有深褐色斑纹，雌蝶黑褐色，亦有深色相同斑纹。

生活史： 一年完成两个世代，以成虫越冬。第一代幼虫从孵化到化蛹需 18 天（7 月 6—24 日，平均温度为 21 ℃）。随着温度不同而蛹历期亦不同。

危害： 大麻科的大麻，亚麻科的亚麻，芸香科的柑橘属，蔷薇科的榆属、梨属等。

黄钩蛱蝶 - 幼虫
（延庆区照山洼 -2020 年 8 月 4 日拍摄）

黄钩蛱蝶 - 成虫
（延庆区后河 -2016 年 8 月 26 日拍摄）

黄钩蛱蝶 - 成虫
（延庆区后河 -2016 年 8 月 26 日拍摄）

56 大红蛱蝶
Vanessa indica (Herbst)

鳞翅目　蛱蝶科

分布范围：全国各地。

识别特征：翅黑褐色，外缘波状。前翅 M1 脉外伸成角状，翅顶角有几个白色小点，亚顶角斜列 4 个白斑，中央有 1 条宽的红色不规则斜带。后翅暗褐色，外缘红色，内有 1 列黑色斑，内侧还有 1 列黑色斑。前翅反面除顶角茶褐色，前缘中部有蓝色细横线；后翅反面有茶褐色的云状斑纹，外缘有 4 枚模糊的眼斑。

生活史：一年发生 2 代，以成虫在树洞、石缝、杂草、落叶中越冬和越夏。翌年 4 月成虫开始活动，5 月初产卵于叶上；1~2 龄幼虫群集结网为害，3 龄后分散为害；6 月下旬在枝干上倒挂化蛹；9 月为第 2 代老龄幼虫期。

危害：苎麻、密花苎麻、黄麻、大麻、荨麻、异叶蝎子草、榆树等。

防治方法：使用农业防治网捕成虫，集中消灭。

大红蛱蝶 - 幼虫
（延庆区上水沟 - 2024 年 8 月 2 日拍摄）

大红蛱蝶 - 成虫
（延庆区大海陀 - 2018 年 9 月 4 日拍摄）

大红蛱蝶 - 成虫
（延庆区保山堡 - 2024 年 9 月 13 日拍摄）

CHAPTER 04

第四章　落叶松害虫

57 落叶松球蚜
Adelges laricis Vallot

半翅目　球蚜科

分布范围：黑龙江、辽宁、吉林、四川、北京、河北等地。

识别特征：无翅孤雌蚜体卵圆形，体长约 0.9 mm，宽约 0.48 mm。红褐色至黑褐色，被长蜡丝。体表光滑，具明显大型蜡片。头顶圆形；触角 3 节，第 1、第 2 节近等长，第 3 节长约为第 2 节的 3 倍。背面蜡片发达，常覆蜡粉或蜡丝。头部与前胸之和大于腹部。足粗短，光滑；后足腿节长约为宽的 2.5 倍，胫节略长。无腹管；尾板末端平圆。

生活史：每 2 年完成 1 个生活周期。以从受精卵孵化出来的第 1 龄干母若虫在红皮云杉中下层小枝芽上越冬。5 月上旬若虫开始取食，5 月底云杉芽萌动，干母成熟，大量孤雌产卵。6 月中旬已渐增大。7 月末虫瘿开裂，老熟若虫爬出，在附近针叶上羽化，向兴安落叶松迁飞。孤雌产卵，8 月中下旬孵化为第 1 龄伪干母，9 月中旬开始越冬。翌年 4 月下旬若虫开始取食，脱皮 3 次，5 月初成熟为伪干母，开始孤雌产卵。5 月下旬部分卵孵化发育为有翅性母，向红皮云杉迁飞。6 月初孤雌产卵，上旬孵化为雌、雄性蚜，7 月初雌性蚜产受精卵，8 月初受精卵孵化为第 1 龄干母，9 月初开始在红皮云杉芽上越冬，完成为时 2 年的生活周期。

危害：红皮云杉、兴安落叶松。

落叶松球蚜 - 为害状 - 落叶松（延庆区佛爷顶 -2011 年 6 月 5 日拍摄）

58 落叶松叶蜂
Pristiphora erichsonii (Hartig)

膜翅目　叶蜂科

分布范围：北京、内蒙古、黑龙江、甘肃等地。

识别特征：落叶松叶蜂雌虫体长 7~10 mm，体黑色，有光泽；头黑色，前胸背板两侧黄褐色，中胸、后胸黑色；足黄色，前足、中足基节、中足胫节端部，后足基节基部、腿节端部，胫节端部、跗节，均为黑色；爪褐色。雌虫体长 8 mm，黑色；触角黄褐色，腹部第 2 背板两侧、第 3 至第 5 及第 6 背板中央均为

落叶松叶蜂（延庆区佛爷顶-1997年5月6日拍摄）

橘红色。幼虫体长 12~16 mm，黑褐色，胸部和腹部背面墨绿色，腹面灰白色，胸足黑褐色。卵长 1.2 mm、宽 0.4 mm，初产时淡黄色，半透明，孵化前暗色。蛹长 9~10 mm，初化蛹淡青色，透明，后变黑褐色。

生活史：一年发生 1 代，以老熟幼虫入土结茧变为预蛹在枯枝落叶层下或周围松软土壤中越冬。翌年 5 月下旬成虫羽化，6 月上旬幼虫孵化，7 月下旬幼虫下树结茧越冬，越冬茧坚韧。

危害：落叶松。

防治方法：

（1）保护利用好落叶松叶蜂的自然天敌物种，如七星瓢虫、寄生蝇、赤眼蜂、鸟类等，利用落叶松叶蜂的天敌控制落叶松叶蜂的生长，减轻落叶松叶蜂对落叶松林分的危害。

（2）防治区域林分郁闭度高于 0.6，可在晴天的早晨或傍晚，采用苦参碱杀虫烟剂防治。

（3）对于防治区域林分郁闭度不高的林分，可采用 25.0% 溴氰菊酯乳油 500~1 000 倍液或 5% 阿维菌素悬浮剂 800~1 500 倍液进行树冠喷雾防治。

59 落叶松腮扁叶蜂
Cephalcia lariciphila (Wachtl)

膜翅目　扁叶蜂科

分布范围：北京、河北、内蒙古、吉林、山西、黑龙江等地。北京市延庆区有危害。

识别特征：雌蜂体长 9.0~12.6 mm，体黑色，具黄白色或淡绿色斑纹，触角 26 节，稀 25 节，鞭节第 1 节最长，稍长于后 2 节之和；雄蜂体长 7.6~11.0 mm，浅色斑较少，触角 24~25 节，少数 26~27 节。

生活史：一年发生 1 代，以老熟幼虫在枯枝落叶下的浅土层内做土室越冬。4 月下旬成虫开始羽化，5 月下旬为成虫羽化高峰期，7 月上中旬为幼虫为害高峰期。

危害：主要危害落叶松。

防治方法：

（1）4 月上旬，悬挂黄绿色粘虫板防治成虫。

（2）5 月下旬，人工喷烟防治幼虫。

落叶松腮扁叶蜂－为害状
（延庆区佛爷顶－2021 年 6 月 9 日拍摄）

落叶松腮扁叶蜂－卵
（延庆区佛爷顶－2022 年 5 月 17 日拍摄）

落叶松腮扁叶蜂－幼虫（延庆区佛爷顶－2021 年 5 月 28 日拍摄）

第四章 落叶松害虫

落叶松腮扁叶蜂 – 成虫（雌）
（延庆区佛爷顶 –2021 年 5 月 11 日拍摄）

落叶松腮扁叶蜂 – 成虫（雄）
（延庆区佛爷顶 –2021 年 5 月 11 日拍摄）

落叶松腮扁叶蜂 – 成虫（延庆区佛爷顶 – 2021 年 5 月 10 日拍摄）

60 落叶松尺蛾
Erannis ankeraria (Staudinger)

鳞翅目　尺蛾科

分布范围：北京、河北、内蒙古、陕西等地。

识别特征：雄蛾前翅长 20.0~21.0 mm，雌蛾无翅。雄蛾体翅浅黄色，布褐色碎纹，

75

线纹褐色。前翅内线较直，前半段明显，内侧褐色碎斑较密；中点较大，褐色圆形；外线暗褐色，在中室端外侧内斜至中点下方，折角较直至后缘；外线外侧至亚缘线有褐色碎斑组成的宽带；缘毛同翅底色，散布褐斑。

落叶松尺蛾 – 幼虫
（延庆区佛爷顶 –2012 年 5 月 21 日拍摄）

生活史：一年发生 1 代，以卵在球果鳞片中越冬。6 月下旬下树化蛹。

危害：落叶松。

防治方法：

（1）营造针阔混交林，遵照适地适树的原则营造针阔混交林；保护利用本地乡土树种。

（2）保护天敌，如姬蜂、蜘蛛等；招引大山雀、灰喜鹊、杜鹃等鸟类。

61 落叶松毛虫
Dendrolimus superans (Butler)

鳞翅目　枯叶蛾科

分布范围：北京、东北、内蒙古、新疆北部等地。

识别特征：雌成虫体长 28~45 mm，触角栉齿状；雄成虫体长 24~37 mm，触角羽毛状。体色多变，以灰白、黑褐为主，前翅中室白斑大而明显，前近外缘有黑斑 8 个，略呈"3"字形排列。老熟幼虫体长 55~90 mm，灰褐色，有黄斑，被银白色或金黄色毛；中、后胸背面有 2 条蓝黑色闪光毒毛；第 8 腹节背面有暗蓝色长毛束。

生活史：以一年发生 1 代为主，以 3~4 龄幼虫在土中、落叶层或树干上越冬。4—5 月幼虫上树取食针叶，7—8 月为成虫期，10 月幼虫陆续下树越冬。成虫趋光性强；越冬幼虫先取食芽苞，展叶后取食全叶；初孵幼虫多群集在枝梢端部，受惊即吐丝下垂随风飘移，2 龄后逐渐分散取食，受惊后直接坠落地面；多发生在背风向阳、干燥稀疏的落叶松纯林内。

危害：落叶松、油松、云杉和樟子松等。

防治方法：

（1）使用诱虫杀虫灯监测诱杀成虫。

（2）幼虫上树前，采用树干围环、缠胶带等方式阻隔防治。

（3）使用灭幼脲、除虫脲、杀铃脲等药剂防治低龄幼虫，使用植物源类药剂防治高龄幼虫。

（4）卵期释放松毛虫赤眼蜂防治。

落叶松毛虫－卵

（赤城独石口镇－杨金彪2019年7月27日拍摄）

落叶松毛虫－幼虫

（赤城独石口镇－杨金彪2019年8月13日拍摄）

落叶松毛虫－老熟幼虫

（赤城独石口镇－杨金彪2019年6月27日拍摄）

落叶松毛虫－成虫

（延庆区红果寺－2015年7月25日拍摄）

CHAPTER 05
第五章 槐类害虫

62 刺槐叶瘿蚊
Obolodiplosis robiniae (Haldemann)

双翅目　瘿蚊科

分布范围：吉林、山西、河北、甘肃等地。

识别特征：成虫身体色泽、大小和形态特征与蚊子成虫相似。雌成虫体长 3.2~3.8 mm；触角丝状，14 节，复眼大，几乎占据头顶大部分区域；胸部背面有 3 个纵长形大黑斑，前翅发达，有黑色绒毛，后翅特化成平衡棒。腹部橘红色，腹末稍尖。足细长，均显著长于体。雄成虫与雌相似，但体较小，体长 2.7~3.0 mm，触角 26 节。腹部背面黑褐色，具有浅色而较密的细毛，外生殖器露于腹末；生殖刺突长而显著，长于其基部的生殖突基节。卵呈长卵圆形，淡褐红色，半透明，长 0.27 mm，宽 0.07 mm。产于叶片背面，散产。幼虫体长 2.8~3.6 mm，纺锤形至长椭圆形，乳白色至淡黄色；生有 9 对气门，分别着生于前胸、腹部 1~8 节背面两侧。

生活史：刺槐叶瘿蚊在北京地区一年发生 5 代。4 月中旬成虫羽化。4 月下旬初第 1 代幼虫开始孵化，5 月下旬为幼虫发生盛期，蛹期为 5 月中旬至 6 月中旬，成虫出现在 5 月中下旬；第 2 代幼虫期为 5 月下旬至 7 月中旬，蛹期 6 月中旬至 7 月中旬，成虫出现在 6 月中旬；第 3 代幼虫期为 6 月下旬至 7 月中旬，蛹期 7 月上中旬，成虫出现在 7 月中旬；第 4 代幼虫期为 7 月中旬至 8 月初，蛹期 7 月下旬至 8 月上旬，成虫出现在 7 月下旬。1~4 代老熟幼虫在虫瘿内化蛹，越冬代老熟幼虫 9 月下旬开始下树，历时 4~5 天，做茧在表土越冬。

危害：刺槐。

防治方法：

（1）化学防治。每年土壤解冻后，在刺槐展叶前，对于上一年度虫害较为严重的地块，在成虫羽化出土前，提前进行土壤杀虫。

（2）物理防治。在 10 月底落叶后要及时组织人员对危害严重的林区进行落叶清扫，集中焚烧后掩埋，防止虫卵越冬。

刺槐叶瘿蚊 - 幼虫（延庆区古城 -2007 年 7 月 30 日拍摄）

刺槐叶瘿蚊 – 成虫	刺槐叶瘿蚊 – 为害状
（延庆区张山营小鲁庄 –2007 年 7 月 30 日拍摄）	（延庆区香营乡黑峪口 –2007 年 7 月 30 日拍摄）

63 槐蚜
Aphis sophoricola Zhang

半翅目　蚜科

分布范围：北京、河北。

识别特征：无翅孤雌胎生蚜体长约 2 mm，卵圆形，体漆黑或黑褐色，有光泽；有翅孤雌胎生蚜体长 2mm，长卵圆形，黑色，光滑，灰白色，透明。

生活史：5 月至 10 月下旬均可见，在卷叶内可见无翅孤雌蚜，7 月及以后可见少量有翅蚜。以成虫、若虫群集新梢吸食汁液为害，常引起新梢弯曲，叶卷缩，枝条受阻，其分泌物常引起煤污病。一年发生 20 余代，主要以无翅孤雌蚜、若蚜在背风、向阳处的地丁、野首野豌豆等植物的心叶及根茎交界处越冬；3—4 月在杂草等寄主上大量繁殖，4 月中旬产生有翅胎生雌蚜，刺槐初花期（5 月上旬）迁飞至刺槐上繁殖为害。干旱少雨发生严重，高温高湿发生较轻。

危害：刺槐、紫穗槐等。为害槐树嫩叶、嫩梢、豆荚；虫体盖满槐树枝梢、豆荚，常常造成枝梢节间变短。幼叶生长停滞。

防治措施：

（1）5 月上旬剪除受害严重的枝条，或用清水冲洗；清除树冠下的杂草，消灭越冬虫源。

（2）有翅蚜产生前，使用吡虫啉等药剂在根茎部和树冠下的杂草上喷雾防治。

（3）严重发生期，使用吡虫啉、烟碱·苦参碱等喷雾防治。

（4）保护利用瓢虫、草蛉、小花蝽等天敌。

槐蚜 - 成虫

（延庆区日上市场 -2024 年 9 月 12 日拍摄）

槐蚜 - 为害状

（延庆区日上市场 -2024 年 9 月 12 日拍摄）

64 槐豆木虱
Cyamophila willieti (Wu)

半翅目　木虱科

分布范围：北京、河北、陕西、山西等地。

识别特征：成虫体长 3.0~3.5 mm，浅绿略带黄色，冬型深褐色至黑褐色；前翅透明，长椭圆形，有黑色缘纹 4 条，中间主脉 1 条，分 3 支，又各分 2 支。若虫体略扁，初孵化体黄白色，后变绿色，复眼红色，腹部略黄色。

生活史：一年发生 4 代，以成虫在树皮缝和杂草上越冬，世代重叠较重。以成虫、若虫刺吸为害为主，若虫分泌物常诱发煤污病。

危害：国槐、龙爪槐。

槐豆木虱 - 成虫（延庆区张山营 -2021 年 10 月 17 日拍摄）

槐豆木虱 - 成虫（延庆区上板泉 -2020 年 6 月 11 日拍摄）

防治措施：

（1）若虫孵化和成虫羽化盛期，使用吡虫啉喷雾防治。

（2）成虫期可以悬挂黄色诱虫板诱集成虫。

槐豆木虱－为害状（延庆区小河屯－2016年5月26日拍摄）

槐豆木虱－诱集效果（延庆区下板泉－2021年5月22日拍摄）

65 锈色粒肩天牛
Apriona swainsoni (Hope)

鞘翅目　天牛科

分布范围： 北京、河北、辽宁、陕西、华东、华中、华南、四川、贵州、云南。

识别特征： 成虫体长31~42 mm；体黑褐色，密被锈红色白色绒毛斑，前胸背板中央有大颗粒状瘤突，鞘翅上密布白斑，基部有黑褐色光亮的瘤状突起。幼虫体管圆形，乳白色，微黄，老龄时体长约 76 mm，前胸宽大，背板较平。

生活史：两年 1 代，以幼虫越冬。蛀食直径 10 cm 以上的大枝或主干，具排粪孔。7—8 月可见成虫。羽化孔较大，似一分钱硬币大小；幼虫在枝干内横向往复蛀食，蛀道呈"Z"形；为害初期，在树干可见黑褐色液滴流出，后期受害处隆起，呈"关节状"，被害树叶片发黄，枝条干枯，树皮腐烂脱落，甚至整株死亡。成虫具有取食新梢嫩皮的习性，受害小枝木质部外露，呈明显白色。

危害：国槐、龙爪槐、蝴蝶槐、金枝槐、女贞和柳树等。为北京市补充林业检疫性有害生物。

防治措施：

（1）严格检疫，防止锈色粒肩天牛随寄主植物扩散蔓延。

（2）成虫发生期，人工捕捉或喷洒绿色威雷制剂防治。

（3）蛀孔注入内吸性和熏蒸类药剂防治。

（4）保护利用花绒寄甲等天敌。

锈色粒肩天牛－成虫（延庆区米家堡－2013 年 6 月 25 日拍摄）

66 国槐尺蛾
Semiothisa cinerearia (Bremer & Grey)

鳞翅目　尺蛾科

分布范围：北京、河北、黑龙江、湖南、甘肃、浙江、湖北、台湾、广西、西藏等地。北京市延庆区有危害。

识别特征： 成虫体黄褐至灰褐色，触角丝状，前后翅面上均有深褐色波状纹3条。卵扁圆形，表面有网纹，初产时淡绿色，幼虫体两型，春型老龄体长38~42 mm，粉绿色，老熟体紫粉色；头部浓绿色，气门线黄色，气门线以上密布小黑点，气门线下深绿色；秋型老龄体长45~55 mm，粉绿色稍带蓝，头部、背线黑色，每节中央成黑色"十"字形，亚背线和气门上线为间断的黑色纵条，胸部和腹末两节散布黑点，腹面黄绿色。蛹体圆锥形，初粉绿色，后褐色。

生活史： 一年发生4代，以蛹在树干基部周边的浅土层内或石块下越冬；5月初至9月上旬均有幼虫为害，世代重叠；7月中下旬成灾概率较大。

危害： 槐树、龙爪槐、蝴蝶槐。

防治方法：

（1）人工挖蛹。

（2）黑光灯诱杀成虫。

（3）低龄幼虫期（5月中旬、6月中旬和8月上旬）是全年的防治关键时期，喷洒20%除虫脲悬浮剂7 000倍液或Bt乳剂500倍液。

（4）保护和利用天敌（凹眼姬蜂等）。

国槐尺蛾 - 幼虫（延庆区狮子营 -2022年6月20日拍摄）

国槐尺蛾 - 幼虫（延庆区下板泉 -2023年5月31日拍摄）

国槐尺蛾－成虫（延庆区下德龙湾－2024年6月14日拍摄）

67 槐羽舟蛾
Pterostoma sinicum (Moore)

鳞翅目　舟蛾科

分布范围： 北京、河北、山西、辽宁、上海、江苏、浙江、安徽、福建、江西、山东、湖北、湖南、广西、四川、云南、西藏、陕西、甘肃。

识别特征： 成虫体长约 30 mm，黄褐色；头、胸部稻黄带褐色，腹背暗灰褐色，腹面中央有暗褐色纵线 4 条；前翅稻黄褐色到灰黄褐色，其后缘中部略内凹，翅面有双条锯齿形红褐色波纹。

卵灰绿色，圆形。幼虫幼龄体色较淡，老熟体长约 55 mm，扁圆筒形，光滑；头胸部较细，腹部较粗，头粉绿色，两侧有黑斑；腹背淡绿色，腹面深绿色，节间黄绿色，横纹气门线黄白色，上衬黑色细边，气门上线墨绿色；腹足近端部有黑色横带 3 条。蛹体黑褐色，臀刺 4 根。茧灰色，较粗糙。

生活史： 一年发生 3 代，以蛹

槐羽舟蛾－幼虫（延庆区松山－2014年5月28日拍摄）

结茧在墙根、枯草落叶和树根旁等处越冬。翌年 5 月和 7—8 月各代成虫分别羽化，卵单产于叶背，5—7 月和 8—9 月为各代幼虫为害期，10 月化蛹。

危害：槐树、刺槐、龙爪槐、朝鲜槐紫藤、紫薇、海棠、白杨等。

防治方法：

（1）秋春两季找茧灭蛹。

（2）黑光灯诱杀成虫。

（3）幼虫期喷施 Bt 乳剂 500 倍液或 20% 除虫脲悬浮剂 7 000 倍液，有利于保护天敌。

槐羽舟蛾 – 成虫（延庆区八达岭 –2024 年 5 月 13 日拍摄）

68 刺槐掌舟蛾
Phalera grotei (Moore)

鳞翅目　舟蛾科

分布范围：北京、河北、辽宁等地。

识别特征：成虫触角基和头顶白色，胸和腹黑褐色；腹背每节后缘有黄白色横带，末 2 节灰色；前翅顶角斑暗棕色，掌形斑内缘弧形平滑，黑色横线 5 条，内、外线间有不清晰波状带 4 条。

幼虫头褐带绿色，体背白色至粉绿色，气门线为一赭褐色宽带，气门下线为黄白色宽带，腹线黑色，毛灰白色。

生活史： 一年发生 1 代，以老熟幼虫在树下 10 cm 左右土中化蛹越冬。7—8 月为幼虫期。

危害： 刺槐、刺桐。

防治方法：

（1）灯光诱杀成虫。

（2）幼虫期喷洒 100 亿个孢子/mL Bt 乳剂 500 倍液或 20% 除虫脲悬浮剂 7 000 倍液。

刺槐掌舟蛾－幼虫（延庆区菜木沟 -2021 年 8 月 4 日拍摄）

刺槐掌舟蛾－成虫（延庆区三潭沟 -2020 年 8 月 11 日拍摄）

CHAPTER 06

第六章　其他害虫

69 双条杉天牛
Semanotus bifasciatus (Motschulsky)

鞘翅目　天牛科

分布范围：宁夏、河北、黑龙江、上海、江苏、安徽、福建、江西、河南、广西、四川。

识别特征：成虫体长约 16 mm，圆筒形略扁，黑褐或棕色；前翅中央及末端有黑色横宽带 2 条，带间棕黄色，翅前端为驼色。卵长约 1.6 mm，长椭圆形，白色。幼虫老熟时体圆筒形，略扁，体长约 15 mm，乳白色；触角端部外侧有细长刚毛 5 支或 6 支。蛹体长约 15 mm，淡黄色。

生活史：北京大多一年 1 代，以成虫越

双条杉天牛 - 成虫
（延庆区果树园 -2005 年 3 月 11 日拍摄）

双条杉天牛 - 幼虫
（延庆区千家店 -2018 年 7 月 12 日拍摄）

双条杉天牛 - 侧柏 - 为害状
（延庆区苏庄村 -2004 年 7 月 27 日拍摄）

双条杉天牛 - 蛹
（延庆区千家店 -2006 年 10 月 12 日拍摄）

冬，少数两年1代，以幼虫和蛹越冬。北京3—5月出现成虫，常大量幼虫蛀食侧柏、圆柏、扁柏、罗汉松等树的衰弱木、枯立木及新伐木、倒木的皮层。

危害： 柏、桧、松、杉。

防治方法：

（1）成虫期悬挂信息素诱捕器诱集成虫。

（2）幼虫期（5月末以前）释放蒲螨或肿腿蜂等天敌昆虫。

70 白蜡窄吉丁
Agrilus planipennis Fairmaire

鞘翅目　吉丁虫科

分布范围： 北京、河北、天津、内蒙古、东北、新疆、山东、台湾。

识别特征： 成虫体长7.5~13.5 mm，宽2.5~40.0 mm；狭长，楔形；具铜绿色、蓝色、黑色等金属光泽；密被灰绿色短毛，头扁平，顶端盾形；触角11节，锯齿状。前胸背板横长方形。鞘翅密被刻点，近基部小盾板两侧具凹，末端圆边缘具小齿。腹部第1、第2节腹板愈合。

幼虫扁长，老熟时体长26~32 mm，头缩进前胸，初孵幼虫多在木质部与韧皮部之间蛀食为害，蛀道呈"S"形。

生活史： 一年发生1代，以老熟幼虫在蛀道末端木质部浅层内越冬；成虫发生期为4月至6月下旬；幼虫为害期为6月下旬至10月中旬，幼虫多在枝干浅表层为害，8旬后部分幼虫进入木质部。

危害： 洋白蜡、水曲柳、花曲柳。受害木树冠稀疏，枝叶发黄；羽化孔为"D"形；根基部常出现萌蘖；常出现长

白蜡窄吉丁 - 成虫
（延庆区下板泉 -2016年6月14日拍摄）

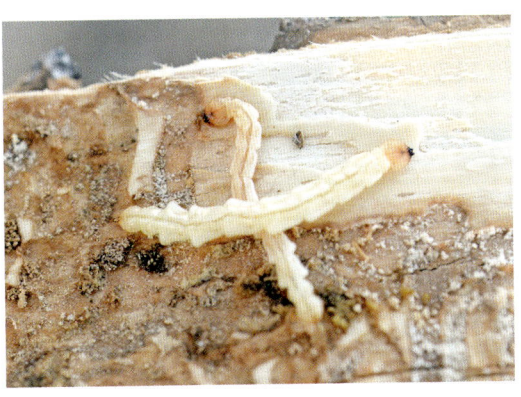

白蜡窄吉丁 - 幼虫
（延庆区下板泉 -2013年9月6日拍摄）

5~10 cm 的纵向裂缝，受害严重的树木 2~3 年枯死。

防治方法：

（1）合理造林，造林时应避免单一的白蜡树种，宜营造混交林。伐除死树，减少翌年虫源。

（2）保护天敌，加强生物控制作用。保护啄木鸟。

白蜡窄吉丁－蛀道
（延庆区下板泉－2015 年 5 月 18 日拍摄）

白蜡窄吉丁－为害状
（延庆区下板泉－2013 年 9 月 6 日拍摄）

71 葡萄十星叶甲（十星瓢萤叶甲）
Oides decempunctata (Billberg)

鞘翅目　叶甲科

分布范围： 北京、陕西、甘肃、吉林、河北、山西、河南、山东、江苏、浙江、安徽、江西、福建、台湾、湖北、湖南、广东、广西、香港、海南、四川、贵州。

识别特征： 成虫体长 10~12 mm，椭圆形，黄褐色或橙褐色；头小隐于前胸下；复眼黑色；触角淡黄色丝状；鞘翅密布小刻点，每翅面各有黑色斑块 5 个，呈 2、2、1 排列。老熟幼虫土黄或灰黄色；胸背有褐色突起 2 行，每行 4 个。

生活史： 一年 3 代，以成虫越冬。成虫和幼虫取食多种柳、杨等；北京 4—9 月可见成虫。

危害：五叶地锦、地锦、葡萄、芍药、牡丹、紫藤和凌霄等。幼虫、成虫均可为害；严重发生时，可将寄主叶片吃光，仅留叶柄；成虫似瓢虫，昼伏夜出，有假死性。

防治方法：

（1）用竹竿或木棍敲打、振落捕杀成虫及幼虫。

（2）幼虫期、成虫期均可释放天敌蠋蝽进行防治。

葡萄十星叶甲 – 幼虫

（延庆区风沙源 –2022 年 7 月 7 日拍摄）

葡萄十星叶甲 – 成虫

（延庆区井庄 – 2020 年 9 月 1 日拍摄）

72 黑跗曲波萤叶甲
Doryxenoides tibialis Laboissière

鞘翅目　叶甲科

分布范围：北京、陕西、河北、湖北、云南。

识别特征：体长 10~12 mm。体黄色至黄褐色，头胸部稍深，触角黑色，第 1 节基大部常浅色（有时浅色区较小），足腿节端部及以下黑色。触角第 1 节略弯，向端部膨大，第 2 节短，长不及第 3 节之半，第 4 节略长于第 3 节。前胸背板宽大于长，侧缘前半部近于平行，后半部明显向后收缩。小盾片舌形。每鞘翅具 4 条细纵线，后侧缘常扩展。

生活史：北京 7—10 月可见成虫，具趋光性；中低龄幼虫在小枝上聚集脱皮，有时发生量较大。

危害：栓皮栎、槲树、蒙古栎、胡枝子、青杨、榆叶梅、蒿等。

黑跗曲波萤叶甲 - 幼虫
（延庆区刘斌堡 -2020 年 5 月 23 日拍摄）

黑跗曲波萤叶甲 - 成虫
（延庆区玉皇庙 -2020 年 9 月 3 日拍摄）

73 黄栌胫跳甲（黄栌直缘跳甲、黄点直缘跳甲）
Ophrida xanthospilota Baly

鞘翅目　叶甲科

分布范围：北京、河北、山东、湖北、四川。

识别特征：体长 6.7~7.0 mm。体宽卵形，黄棕色至红棕色，触角黄棕色，端部 1~3 节黑色，有时第 8 节端部亦黑褐色。鞘具众多小白斑，位于刻点行之间。触角长，几达鞘翅中部，第 1 节粗长，为第 2、第 3 节长之和。

生活史：一年发生 1 代，以卵块在黄栌枝杈或伤疤处越冬，卵块重叠并有黑褐色分泌物包被；黄栌展叶期，初孵幼虫为害芽苞，4 月下旬进入幼虫为害盛期；5 月下旬老熟幼虫入土化蛹；6 月中下旬成虫大量出现；7 月即可见到新的卵块。

危害：黄栌、刺槐、酸枣。

防治方法：

（1）人工防治。3 月初可人工摘除卵块，5 月中旬人工

黄栌胫跳甲 - 成虫
（延庆区玉渡山 -2022 年
7 月 20 日拍摄）

清理黄栌周围土层中的土茧。

（2）药剂防治。在4月上旬幼虫孵化盛期，使用2.5%高效氯氰菊酯乳油1 500倍液喷雾防治。

（3）生物防治。保护和利用蠋蝽、蝽、赤眼蜂、跳小蜂等天敌。

黄栌胫跳甲 - 卵
（延庆区张山营 -2011年3月18日拍摄）

黄栌胫跳甲 - 幼虫
（延庆区玉皇庙 -2024年4月24日拍摄）

74 中华萝藦叶甲
Chrysochus chinensis Baly

鞘翅目　叶甲科

分布范围：北京、陕西、宁夏、甘肃、青海、内蒙古、黑龙江、吉林、辽宁、河北、山西、河南、山东、江苏、浙江、江西。

识别特征：体长7.2~13.5 mm。体蓝紫色、蓝色、蓝绿色。触角黑色，端部5节无光泽；复眼内侧具1条浅狭沟。鞘翅基部1/4处有一横沟，明显。爪呈双齿形，一大一小。

生活史：一年1代，以老熟幼虫在土中越冬。成虫多取食萝藦科植物（如萝藦、地梢瓜），也会取食茄、甘薯、刺儿菜等植物，幼虫在地下取食根。北京5—8月可见成虫。

危害：紫云英、茶叶花。

中华萝藦叶甲 – 成虫（延庆区下板泉 –2016 年 7 月 13 日拍摄）

75 栎长颈象
Paracycnotrachelus chinensis (Jekel)

鞘翅目　卷象科

分布范围：北京、陕西、青海、黑龙江、吉林、辽宁、河北、山西、河南、山东、江苏、安徽、浙江、江西、福建、台湾、湖北、广东、香港、四川、云南。

识别特征：体长 7.2~11.1 mm。体红褐色，头、触角柄节和棒节、腹面及足腿节常暗红褐色，体背无毛。雄虫头长，复眼后具细长的头颈，明显长于前胸背板，基部细，具皱纹；触角 11 节，端节端部尖。雌虫头较短，头颈粗宽，稍长于前胸背板，基部不具皱纹。鞘翅两侧近于平行，行纹明显，行间较隆起。

生活史：北京 6 月底至 9 月可见成虫。成虫取食嫩叶，并卷叶为子代做虫巢。

危害：板栗、栓皮栎等栎类植物。

防治方法：

（1）人工摘除卷叶虫苞。

（2）人工捕杀成虫。

（3）使用烟碱·苦参碱等药剂喷烟、喷雾防治成虫。

栎长颈象 – 成虫
（延庆区茶壶沟 –2022 年 5 月 25 日拍摄）

76 梨星毛虫
Illiberis pruni Dyar

鳞翅目　斑蛾科

分布范围： 北京、河北、辽宁、山西、河南、陕西、甘肃、山东、江苏等地。

识别特征： 成虫体长 10 mm 左右，翅展 20~30 mm，全身灰黑色，雌蛾触角短羽状，翅面有黑色绒毛，前翅半透明，翅脉清晰，色较深。卵扁椭圆形，长 70~75 mm，初产时白色，渐变淡黄色，孵化前呈暗褐色，数粒至百余粒不等。

老龄幼虫乳白色，身体粗短，体长 15~18 mm，中胸、后胸和腹部第 1~8 节侧面各有一圆形黑斑；各节背面有横列毛丛。

蛹黑褐色，略呈纺锤形，体长约 12 mm。茧白色，有内外两层。

生活史： 梨星毛虫在华北地区一年发生 1 代，以 2~3 龄幼虫在树皮裂缝等处做白色薄茧越冬。翌春梨花芽萌动时出蛰为害，但出蛰不整齐。幼虫于 4 月中旬进入盛期，为害花蕾，5 月上中旬是为害叶盛期，大龄幼虫缀叶呈饺子状，居中食取叶肉，5 月中下旬于苞叶内结茧化蛹，6 月上旬羽化，中下旬进入盛期。成虫多产卵于叶背，6 月下旬开始孵化，7 月上旬进入盛期，而后进入越冬。

危害： 海棠、梨、苹果、山楂等园林植物。

防治方法：

（1）越冬前在树干上绑草，诱集越冬幼虫，然后集中销毁。

（2）越冬后或上树为害前刮掉树干上的老翘皮，集中处理。

（3）在花芽膨大期喷药防治。

梨星毛虫 - 幼虫
（延庆区苏庄 -2005 年 6 月 5 日拍摄）

梨星毛虫 - 为害状
（延庆区苏庄 -2005 年 6 月 5 日拍摄）

77 草地螟（网锥额野螟）
Loxostege sticticalis (Linnaeus)

鳞翅目　草螟科

分布范围：吉林、内蒙古、黑龙江、宁夏、甘肃、青海、河北、山西、陕西、江苏等地。

识别特征：成虫淡褐色，体长 8~10 mm，前翅灰褐色，外缘有淡黄色条纹，翅中央近前缘有一深黄色斑，顶角内侧前缘有不明显的三角形浅黄色小斑，后翅浅灰黄色，有两条与外缘平行的波状纹。卵椭圆形，长 0.8~1.2 mm，为 3 粒、5 粒或 7 粒、8 粒串状黏成复瓦状的卵块。幼虫共 5 龄，老熟幼虫 16~25 mm，1 龄淡绿色，体背有许多暗褐色纹，3 龄幼虫灰绿色，体侧有淡色纵带，周身有毛瘤。5 龄多为灰黑色，两侧有鲜黄色线条。蛹长 14~20 mm，背部各节有 14 个赤褐色小点，排列于两侧，尾刺 8 根。

生活史：在我国北方地区，一年发生 2~4 代，以老熟幼虫在土内吐丝做茧越冬。翌春 5 月化蛹及羽化。成虫飞翔力弱，喜食花蜜，卵散产于叶背主脉两侧，常 3~4 粒在一起，以距地面 2~8 cm 的茎叶上最多。初孵幼虫多集中在枝梢上结网躲藏，取食叶肉，3 龄后食量剧增，幼虫共 5 龄。草地螟以老熟幼虫在丝质土茧中越冬。翌春随着日照增长和气温回升，越冬幼虫开始化蛹，一般在 5 月下旬至 6 月上旬进入羽化盛期。越冬代成虫羽化后，从越冬地迁往发生地，在发生地繁殖 1~2 代后，再迁往越冬地，产卵繁殖到老熟幼虫入土越冬。

危害：甜菜、大豆、向日葵、亚麻、高粱、豌豆、扁豆、瓜类、甘蓝、马铃薯、茴香、胡萝卜、葱、洋葱、玉米等。

防治方法：

（1）成虫发生期，使用诱虫杀虫灯和性信息素诱芯监测诱杀防治。

（2）低龄幼虫破网前，使用植物源类药剂、高渗苯氧威、除虫脲等喷雾防治。

草地螟 - 成虫
（延庆区张山营 -2020 年 6 月 10 日拍摄）

草地螟 - 幼虫（延庆区四海镇 -2010 年 8 月 1 日拍摄）

草地螟 - 为害状（延庆区四海镇 -2010 年 8 月 1 日拍摄）

78 黄杨绢野螟
Diaphania perspectalis (Walker)

鳞翅目　草螟科

分布范围：北京、河北、陕西、江苏、浙江、福建、湖北、湖南、广东、四川、西藏；国外主要分布在朝鲜、日本、印度、欧洲。

识别特征：成虫体绢白色；前翅半透明有绢丝光泽，前缘褐色，外缘、后缘有褐色带，中室内有白点 2 个，一个细小一个呈新月形；后翅白色，外缘有较宽的褐色边缘。

幼虫头部黑褐色，胸腹部浓绿色，背线、亚背线、气门上线、气门线、基线、腹线明显。

生活史： 北京一年发生2代，以2龄幼虫粘合2叶结包越冬，翌年3月末开始出包为害，4月下旬开始出现成虫，6月出现第1代幼虫，8月出现第2代成虫，9月幼虫结包准备越冬。

危害： 瓜子黄杨、雀舌黄杨、珍珠黄杨、庐山黄杨、朝鲜黄杨。

黄杨绢野螟 – 成虫
（延庆区松山 –2021年6月25日拍摄）

79 缀叶丛螟
Locastra muscosalis (Walker)

鳞翅目　螟蛾科

分布范围： 北京、辽宁、河北、天津、山东、江苏、安徽、浙江、江西、福建、台湾、广东、广西、湖南、湖北、河南、云南、贵州、四川、陕西等地。

识别特征： 成虫翅展27~41 mm，体红褐色。前翅栗褐色，内横线锯齿形深褐色，中室内有一丛深褐色鳞片，外横线褐色弯曲如波纹，外侧色浅，内外横线之间深栗褐色；后翅暗褐色。老熟幼虫体长34~40 mm。头黑色，有光泽，散布细颗粒。前胸背板黑色，前缘有6个白斑，中间2个斑较大。背线褐红色，亚背线、气门上线及气门线黑色，并有纵列白斑，气门上线处白斑较大；腹部腹面、腹足褐红色。气门黑色，臀板黑色，两侧具白斑，全体疏生刚毛。

生活史： 一年发生1代，以老熟幼

缀叶丛螟 – 成虫
（延庆区张山营 –2016年7月6日拍摄）

虫在根的附近及距树干1 m范围内的土中结茧越冬，入土深度10 cm左右。翌年6月上旬为越冬代幼虫的化蛹期，盛期在6月底至7月中旬，成虫产卵于叶面。7月上旬至8月中旬为幼虫孵化期，盛期在7月底至8月初。

危害：核桃、胡桃楸、板栗、香椿、黄栌、火炬树等。

防治方法：

（1）幼虫群居为害时，摘除虫包，集中烧毁。

（2）虫茧在树根旁边及松软的土里比较集中，可在秋季封冻前或春季解冻后挖除虫茧。

缀叶丛螟 - 幼虫
（延庆区青龙谷 -2024年8月22日拍摄）

缀叶丛螟 - 蛹
（延庆区河湾村 -2015年5月25日拍摄）

缀叶丛螟 - 为害状（延庆区河湾村 -2015年5月25日拍摄）

80 黄刺蛾
Cnidocampa favescens (Walker)

鳞翅目　刺蛾科

分布范围： 东北、华北、华东、中南、西南及甘肃、陕西等地。

识别特征： 成虫体长 10~13 mm；头胸黄色，腹黄褐色；前翅基半部黄色，外半部黄褐色，有 2 条斜线呈倒"V"形，为内侧黄色与外侧褐色的分界线；后翅黄色或黄褐色。卵长约 1.5 mm，淡黄色，扁平，椭圆形，一端略尖，薄膜状，其上有网状纹。幼虫老熟时体长

黄刺蛾-茧（延庆区四海镇-2016年5月18日拍摄）

约 24 mm，黄绿色，圆筒形；头小，隐于前胸下方；前胸有黑褐点 1 对，体背有两头宽、中间窄的鞋底状紫红色斑纹；自第 2 腹节起各体节有枝刺 2 对，第 3、第 4、第 10 节各对枝刺特别大，枝刺上有黄绿色毛；体侧有枝刺均衡 9 对，各节有瘤状突起，上有黄毛，气门上线淡青色，气门下线淡黄色。蛹体长约 13 mm，短粗，椭圆形，离蛹，黄褐色。茧灰白色，椭圆形，表面有黑褐色纵条纹，似雀蛋，质地坚硬。

生活史： 北京一年发生 1 代，以老熟幼虫在枝干或皮缝结茧越冬。6 月至 7 月上旬出现成虫。卵散产于叶背，卵期约 6 天。小幼虫只食叶肉成网状，老幼虫食叶成缺刻，仅留叶脉，幼虫期约 30 天。

危害： 梅、海棠、月季、石榴、桂花、樱花、槭属、杨、柳、榆、白兰、红叶李、悬铃木等。

防治方法：

（1）冬季人工摘除越冬虫茧。

（2）灯光诱杀成虫。

（3）幼虫发生初期喷洒 20% 除虫脲悬浮剂 7 000 倍液、Bt 乳剂 500 倍液或 25% 高渗苯氧威可湿性粉剂 300 倍液。

（4）保护天敌。

第六章 其他害虫

黄刺蛾-幼虫
（延庆区大海陀-2018年9月3日拍摄）

黄刺蛾-成虫
（延庆区三潭沟-2020年8月11日拍摄）

81 扁刺蛾
Thosea sinensis (Walker)

鳞翅目　刺蛾科

分布范围：全国各地。

识别特征：成虫体长14~17 mm，灰褐色，腹面及足深；前翅灰褐色，自前缘近顶角处向后缘中部有明显暗褐斜纹1条；卵长扁椭圆形，背面隆起，长约1 mm，淡黄绿色，后灰褐色。幼虫老熟时体椭圆形，扁平，背面稍隆起，长20~27 mm，淡鲜绿色，背中有贯穿头尾的白色纵线1条，线两侧有蓝绿色窄边，两边各有橘红至橘黄色小点1列，背两边丛刺极小，其间有下陷的深绿色斜纹，侧面丛刺发达。蛹体椭圆形，长10~14 mm，乳白色，后黄褐色。茧近似圆球形，暗褐色，长13~16 mm。

生活史：一年发生1代，以老熟幼虫在树下土中做茧越冬；6月上旬成虫开始羽化；6月中旬至8月下旬为幼虫为害期。

危害：蔷薇科植物及柿、核桃、梧桐、杨、桑、花椒、柑橘、大叶黄杨、樟等近100种植物。

防治方法：

（1）幼虫发生严重时喷施Bt乳剂600倍液。

（2）使用1.2%烟参碱乳油1 000倍液或25%高渗苯氧威可湿性粉剂300倍液。

扁刺蛾 – 成虫（延庆区三潭沟 –2020 年 8 月 11 日拍摄）

扁刺蛾 – 幼虫
（延庆区小川村 –2021 年 8 月 27 日拍摄）

82 中国绿刺蛾
Parasa sinica Moore

鳞翅目　刺蛾科

分布范围：华北、山东、四川、贵州、湖北、江西等地。

识别特征：成虫体长约 12 mm，头、胸及前翅绿色，翅基与外缘褐色，外缘带内侧有齿形突 1 个；后翅灰褐色，缘毛灰黄色；腹部灰褐色，末端灰黄色。卵椭圆形，黄色。幼虫老熟时体长 15~20 mm，体黄绿色，背线两侧具双行蓝绿色点纹和黄色宽边，侧线宽灰黄色，气门上线深绿色，气门线黄色，腹面色淡；前胸盾板有黑点 1 对，各节有灰黄色肉瘤 1 对并以中、后胸及第 8、第 9 腹节上的为大端部黑色；第 9、第 10 腹节各有黑瘤 1 对，第 10 节 1 对并列；

中国绿刺蛾 – 成虫
（延庆区松山 –2021 年 6 月 25 日拍摄）

各节气门下线两侧有黄色刺瘤1对。蛹体莲子形，黄褐色。茧扁椭圆形，棕褐色。

生活史：一年发生1代，以老熟幼虫在枝干上或浅土中结茧越冬；6月中下旬成虫羽化，成虫昼伏夜出，有趋光性。

危害：蔷薇科以及柑橘、枣、枇杷、梧桐、槭属、桑、杨、栀子、刺槐、石榴等。

防治方法：

（1）冬季砸茧，杀灭越冬幼虫。

（2）幼龄幼虫期摘去虫叶或喷洒20%除虫脲悬浮剂7 000倍液、25%高渗苯氧威可湿性粉剂300倍液。

（3）成虫期用灯光诱杀。

（4）保护天敌（茧蜂）。

中国绿刺蛾 - 幼虫

（延庆区六道河 -2023年9月5日拍摄）

83 褐边绿刺蛾
Parasa consocia Walker

鳞翅目　刺蛾科

分布范围：黑龙江、内蒙古、台湾、海南、广东、广西、云南、甘肃、四川。

识别特征：成虫体长17~20 mm；头胸和前翅粉绿色，胸背中央有红褐色纵线1条；前翅基部有放射状红褐色斑1块，外缘有浅褐色宽条1条，镶棕色边，缘毛深褐色；后翅及腹部浅褐色，缘毛褐色。卵扁平，椭圆形，黄绿或蜡黄色。幼虫体长25~28 mm，圆筒形，翠绿或黄绿色；背中线天蓝色，带的两侧每节有蓝斑4个，体侧各节也有蓝斑4个；唇基有黑斑1对，前胸盾具黑点2个，与背中线的蓝点呈三角形排列；后胸至第9腹节各节侧面均具

褐边绿刺蛾 - 成虫

（延庆区张山营 -2016年7月6日拍摄）

刺突1对，枝刺顶端黑色，气门上方的侧刺瘤中央有橙黄色椭圆形球1个，第8、第9腹节各着生黑色绒球状毛丛1对，每侧有大小不甚悬殊的绿色刺瘤4个；腹末有大而明显的黑色绒球状毒刺丛4个。蛹和茧棕褐色，扁椭圆形，茧上布满黑色毒刺毛和少量白丝。

生活史：一年发生1代，以老熟幼虫在表土层结茧越冬。初孵幼虫不取食，3、4龄以后吃穿叶表皮，5龄以后多从叶缘向内蚕食。

危害：悬铃木、白榆、刺槐、梨、苹果、柿、枣、核桃、青桐、栎、大叶黄杨、紫薇、紫荆、黄连木、栀子、无患子、红叶李、珊瑚树、白蜡、杨、柳、枫杨、香樟、泡桐、苦楝、乌桕、喜树、月季、桂花、梅、樱花、海棠、山茶、柑橘、牡丹、芍药等。

褐边绿刺蛾－幼虫

（延庆区白塔南沟－2024年9月12日拍摄）

防治方法：

（1）人工挖除越冬虫茧。

（2）灯光诱杀成虫。

（3）幼虫期采用 Bt 乳剂 500 倍液或 25% 高渗苯氧威可湿性粉剂 300 倍液雾。

（4）保护天敌。

（5）剪除幼龄虫叶。

84 梨娜刺蛾
Narosoideus flavidorsalis (Staundinger)

鳞翅目　刺蛾科

分布范围：中国各果树产区。

识别特征：成虫体褐黄色；触角双栉齿状，分枝到末端；前翅外横线清晰，暗褐色，横线内的前半部褐色较浓，后半部黄色较显，外缘明亮，无银色缘线。

幼虫老熟体长约32 mm，圆筒形，深绿色；每体节上有刺瘤4个，自中胸开始，小刺瘤中间各有椭圆形棕黑色球1个，每侧共9个；中、后胸及第6、第7腹节背面各有长大枝刺1对，后胸及第6腹节的两大枝刺间均为鲜黄色，近枝刺基部内侧红色，外侧棕褐色;背部及体侧暗绿色,其间各有黄绿色纵线 2 条;中胸及第 6 腹节大枝刺前后各有浅蓝色细横线 2 条,与体侧、体背纵线相连。

生活史: 北京一年发生 1 代,以幼虫在茧中越冬。6—8 月为幼虫为害期。

危害: 梨、柿、枫、枣、板栗、樱花。

防治方法:

(1)灯光诱杀成虫。

(2)幼龄幼虫群食期喷洒 3% 高渗苯氧威乳油 3 000 倍液。

梨娜刺蛾 - 幼虫
(延庆区白塔南沟 -2024 年 9 月 12 日拍摄)

梨娜刺蛾 - 成虫
(延庆区张山营 -2016 年 7 月 6 日拍摄)

85 纵带球须刺蛾
Scopelodes contracta Walker

鳞翅目　刺蛾科

分布范围: 华北、华中、华南。

识别特征: 成虫头、胸背和前翅暗灰褐色,腹黄褐色,腹背每节有暗灰褐色横带;前翅中室中部到翅尖有黑纵带 1 条,后翅灰褐色,内缘和基部带黄色。

幼虫老龄体长约 25 mm,圆筒形,黄褐色,具黑色小斑点,背中线黄色;每节背中央黄色斑大,其上有黑色斑点 2 个;亚背线黑褐色,气门上线由暗黑色斑点组成,上具第1腹节气门，亚背线与气门上线间自中胸至第8腹节的节间内有褐斑9个；被枝刺，枝刺上刚毛黑色、粗硬，亚背线处自中胸至第8腹节各具枝刺1对，气门上线处中后胸和第2~9腹节各具枝刺1对，腹末黑色丛毛4个。

生活史：一年1代，以老熟幼虫在土中结茧越冬。7月灯下可见成虫，具趋光性；成虫白天以前足垂挂在树叶下，振动落下时会出现假死现象。8月可见幼虫取食臭椿、香椿、柿、板栗、核桃等多种植物。北京6—8月为幼虫发生期。

危害：柿、樱花、枫香、白栎、椿。

防治方法：

（1）灯光诱杀成虫。

（2）幼龄幼虫期摘叶杀灭之。

纵带球须刺蛾 - 幼虫
（延庆区景而沟 - 2021年8月13日拍摄）

纵带球须刺蛾 - 成虫
（延庆区莲花山 - 2024年7月16日拍摄）

86 丝棉木金星尺蛾
Abraxas suspecta Warren

鳞翅目　尺蛾科

分布范围：东北、西北、华北、华东、华中、中南。

识别特征：成虫体长约33 mm，翅白色，具有淡灰和黄褐色不规则斑纹。卵长圆形，有网纹，初灰绿色，后黑色。幼虫老龄体长约31 mm，黑色，前胸背板黄色，上有近方形黑斑5个，背线、亚背线、气门上线和亚腹线为蓝白色，气门线和腹线黄色，胸部及第6腹节后各节有黄色横条纹。蛹体棕色，纺锤形。

生活史：一年发生3代，以蛹在土壤中越冬；5月上中旬成虫羽化，卵产于叶背、枝干及树皮裂缝中；5月下旬至6月中旬、7月中旬至8月上旬、8月中旬至9月中旬分别为各代幼虫为害期。

危害：丝棉木、卫矛、大叶黄杨、榆、槐、杨、柳等多种植物。

防治方法：

（1）黑光灯诱杀成虫，人工摘除卵块。

（2）用Bt乳剂500倍液、20%除虫脲悬浮剂7 000倍液防治低龄幼虫。

（3）保护天敌。

丝棉木金星尺蛾 – 幼虫
（延庆区白塔南沟 – 2024年9月12日拍摄）

丝棉木金星尺蛾 – 成虫
（延庆区菜食河 – 2022年6月16日拍摄）

87 大造桥虫
Ascotis selenaria (Denis et Schiffermüller)

鳞翅目　尺蛾科

分布范围：全国广布。

识别特征：成虫体长约15 mm，体色变异大，多为浅灰褐色，散布黑褐或淡色鳞片；前翅顶白色，内方黑色，内横线、外横线、亚外缘线均为黑色波纹，内、外线间有白斑1个，斑周黑色，外横线上方有近三角形黑褐斑1个，外缘有半月形黑斑。卵青绿色，有深黑或灰白斑纹，表面有很多凸粒。幼虫老龄体长约40 mm，体色多变，黄绿至青白；头褐绿色，头顶两侧有黑点1对，背线青绿色，亚背线灰绿色，气门上线深绿色，气门线黄色有较细的黑色纵线，气门下线至腹线淡黄绿色。第 2 腹节背中具黑褐色长形斑 1 个和明显横列的红色锥形毛瘤 1 对，第 8 腹节有横列小毛瘤 1 对，第 6 腹节和尾节各有足 1 对。蛹体深褐色，光滑，尾端有刺 2 根。

生活史： 一年发生 2~3 代，世代重叠，以蛹在土壤或杂草中越冬。4 月下旬成虫羽化，6—7 月为害最重。

危害： 侧柏、刺槐、紫穗槐、银杏、苹果、梨、月季、蔷薇、万寿菊和萱草等。

防治方法：

（1）秋季人工挖蛹。

（2）成虫期灯光诱杀成虫。

（3）幼虫盛期，喷洒 20% 除虫脲悬浮剂 7 000 倍液。

大造桥虫 - 幼虫（延庆区乌龙峡谷 -2020 年 9 月 2 日拍摄）

大造桥虫 - 成虫（怀来石盘口 -2020 年 8 月 19 日拍摄）

88 女贞尺蛾
Naxa seriaria (Motschulsky)

鳞翅目　尺蛾科

分布范围： 东北、华北、西北、西南和华东各地。

识别特征： 成虫体白色；无翅缰；前翅亚外缘线有黑点8个，外缘线有小黑点6~8个，较前者小，内角3个大黑点排成弧形，中室上端有黑点1个；后翅亚外缘线有黑点8个，外缘线有黑点6个，中室上端有黑点1个。卵光滑，淡白、红至黑色。幼虫老熟时体黑，亚背线、气门线淡黄色，第1~5腹节有淡黄色纵带3条，中条最宽，第3~6腹节有淡黄色斑，每节有黑色毛瘤10多个，每瘤上有白长毛1根。蛹体白色，有黑点，腹背有黑点6个，背中有长形黑斑1个。

生活史： 一年发生1代，以低龄幼虫在丝拢状的枯枝落叶中群集越冬。寄主展叶时，越冬幼虫开始上树取食；幼虫自寄主下部向上取食为害；6月下旬为成虫发生期。

危害： 桂花、丁香、暴马丁香、毛丁香、女贞、大叶女贞、茶、水蜡、水曲柳等。

防治方法：

（1）早春幼虫上树时，在树干上绑缚塑料薄膜环，阻隔和杀灭上树幼虫。

（2）成虫期灯光诱杀。

（3）幼虫大发生时喷洒20%除虫脲悬浮剂7 000倍液。

女贞尺蛾-成虫（延庆区松山-2021年6月25日拍摄）

女贞尺蛾-幼虫（延庆区松山-2018年5月23日拍摄）

女贞尺蛾 - 为害状（延庆区松山 -2017 年 9 月 19 日拍摄）

89 桑褶翅尺蛾
Zamacra excavata (Dyar)

鳞翅目　尺蛾科

分布范围： 北方果树产区。张家口市怀来县沙城镇、存瑞镇有危害。

识别特征： 成虫体长约 16 mm，体灰褐至黑褐色；前翅狭长，银灰色，翅面有灰褐色带 3 条，静息时 4 翅皱叠竖起。卵椭圆形，中央下凹，深灰色。

幼虫老龄体长约 35 mm，黄绿色；头褐色，前胸侧面黄色，1~4 腹节背面有赭黄色刺突，2~4 节刺突明显较长，第 8 腹节背面有褐绿色刺 1 对，2~5 腹节两侧各有淡绿色刺 1 个，各节间膜黄色，第 4~8 腹节亚背线粉绿色，气门线深绿色。蛹体红褐色，纺锤形。茧椭圆形、灰褐色，贴于树干基部。

桑褶翅尺蛾 - 成虫（延庆区台地园 -2023 年 3 月 7 日拍摄）

生活史：一年发生 2 代，以蛹茧在树干基部的表土和树皮缝内越冬；成虫多产卵于枝上。

危害：桑、杨、水蜡、槐树、刺槐、白蜡、核桃、榆、栾树、柳等。

防治方法：

（1）入冬前在树干基部挖蛹茧。

（2）剪除卵块。

（3）喷洒 Bt 乳剂 500 倍液、20% 除虫脲悬浮剂 7 000 倍液防治幼虫。

桑褶翅尺蛾 – 卵（延庆区马庄村 – 2023 年 3 月 23 日拍摄）

桑褶翅尺蛾 – 幼虫（延庆区黄柏寺 –2010 年 5 月 26 日拍摄）

90 栎掌舟蛾
Phalera assimilis (Bremer & Grey)

鳞翅目　舟蛾科

分布范围：北京、河北、山西、辽宁、陕西、甘肃、江苏、浙江、福建、台湾、河南、湖北、湖南、广西、海南、四川、云南。

识别特征：成虫前翅银白色，光泽不显著，外线沿顶角斑内缘一段棕色，亚端线脉间黑点不清晰，中室有较清晰的黄白色小斑纹 1 个，后缘内线内侧和外线外侧各有暗褐色影状斑 1 个；后翅反面无明显黑褐色中带。

幼虫老龄体长约 60 mm，头棕褐色，体黑褐色，亚背线（双道）、气门上线、气门下线和腹线橘黄色，前胸至尾端有橙红色纵线 8 条，气门上线较粗，每节有橙红色横纹数条，中间 1 条较明显，节间黑色；体密生暗黄色长毛。

生活史：一年发生 1 代，以老熟幼虫入土化蛹越冬。7—9 月为幼虫为害期，7 月下旬至 8 月上中旬为幼虫为害盛期。

危害：栎、栗、杨、榆。

防治方法：

（1）灯光诱杀成虫。

（2）幼虫严重时喷洒含孢子 100 亿个 /mL Bt 乳剂 500 倍。

栎掌舟蛾 – 成虫

（延庆区红果寺 –2015 年 7 月 25 日拍摄）

栎掌舟蛾 – 幼虫

（延庆区六道河 –2024 年 8 月 25 日拍摄）

91 栎纷舟蛾
Fentonia ocypete (Bremer)

鳞翅目　舟蛾科

分布范围：北京、辽宁、吉林、黑龙江、河北、山东、湖南、四川等地。

识别特征：成虫头、胸背暗褐略有灰白色，腹灰褐色；前翅暗灰褐色，内、外线双道黑色，亚中褶有黑、褐纵纹，外线外衬灰白边，横脉纹为圆点，与外线间有大圆斑；后翅灰褐色。卵扁圆形，乳黄至黄褐色。

幼虫老龄体头肉色，每边有黑斜线 6 条，其中较粗 2 条；胸叶绿色，背中有一个内有 3 条白线的"工"字形黑纹，纹两侧衬黄边；第 3~6 节膨大，腹背白色，由黑、红细线组成花纹，气门线灰黑宽带，第 2~7 腹节见气门上线。蛹体红褐色，中、后胸连接处有凹陷 1 排。

生活史：北京一年发生 1 代，以蛹在表土的土室中越冬。7 月成虫期，7—9 月幼虫期。成虫趋光性强。卵散产于叶背主脉两侧，每雌产卵 82~250 粒，卵期 5~7 天。幼虫 6 龄，3 龄后食叶量大。

危害：栎、栗、桦、榛、苹果。

防治方法：

（1）灯光诱杀成虫。

（2）人工挖蛹杀灭。

（3）幼虫期喷洒 20% 除虫脲悬浮剂 7 000 倍液或人工捕杀。

栎纷舟蛾 – 幼虫
（延庆区刘斌堡 –2020 年 8 月 21 日拍摄）

栎纷舟蛾 – 成虫
（延庆区三潭沟 –2020 年 8 月 11 日拍摄）

92 苹掌舟蛾
Phalera favescens (Bremer & Grey)

鳞翅目　舟蛾科

分布范围：北京、河北、山西、黑龙江、辽宁、上海、江苏、浙江、福建、江西、山东、湖北、湖南。

识别特征：成虫体黄白色，长约 25 mm，翅展约 56 mm；前翅基部有银灰和紫褐色各半的椭圆形斑，近外缘处有与翅基部色彩相同的斑 6 个，翅顶角有灰褐色斑 2 个。卵近球形，灰白至灰色。

幼虫幼体枣红色，体侧有黄线，密被黄色长毛；大龄幼虫体黑色，着生黄白色软长毛；老熟体长约 50 mm，暗紫红色，头和背线黑色气门上下各节间有淡黄色长毛簇，各节背部前方有黑色横带，腹部腹面有黑斑 1 块。蛹体红褐色，腹末有两分叉刺 2 个。

生活史：北京一年发生 1 代，以蛹在土中越冬。翌年 7 月成虫羽化，卵产于叶背面，数十粒呈块状，卵期约 7 天。幼虫共 5 龄，有假死和吐丝下垂习性，停栖时头尾向上翘起呈小舟形，故又名"舟形毛虫"。7—9 月为幼虫为害期，秋季老熟幼虫入土化蛹越冬。

危害：榆叶梅、杏、梨、苹果、海棠、桃、樱桃、梅、榆等。

防治方法：

（1）黑光灯诱杀成虫。

（2）初孵幼虫扩散前，人工摘除带虫叶片，并集中消灭。

（3）发生严重时喷施 Bt 乳剂 500 倍液或 48% 毒死蜱乳油 3 500 倍液。

苹掌舟蛾－成虫
（延庆区松山－2022 年 7 月 20 日拍摄）

苹掌舟蛾－幼虫
（延庆区双金草村－2021 年 8 月 27 日拍摄）

93 角斑台毒蛾
Teia gonostigma (Linnaeus)

鳞翅目　毒蛾科

分布范围：山西、内蒙古、黑龙江、山东、河南、西藏、甘肃、宁夏等地。

识别特征：雄蛾翅展 25.0~26.0 mm。雄蛾前翅红棕色。基部有具白色边的棕色斑；内线和外线黑棕色；横脉纹具白色边；外线前缘外侧有 1 个橙黄色斑；亚缘线白色，不完整，在前缘和臀角处各形成 1 个白色斑。后翅黑棕色。雌蛾翅退化，体被灰白色或淡黄色绒毛。

幼虫体、头黑色，腹部浅黄色，前胸两侧及第 8 腹节背各有黑长毛 1 束，第 1 腹节毛束灰或黄褐色，第 2 腹节侧毛束由黑、黄色长毛组成，第 1~4 腹节各有牙刷状黄毛 1 束，第 6、第 7 腹节背中各有红突起 1 个。蛹体纺锤形，黄至黑褐色，茧灰黄色，薄，外附毛。

生活史： 一年发生 2 代，以幼龄幼虫在树皮缝、落叶层内越冬；4 月开始为害芽、叶，5 月化蛹；6 月成虫羽化交尾产卵，卵成堆产于茧壳外。

危害： 杨、柳、椴、落叶松、桦木科、蔷薇科、槭树科、杉科、杜鹃花科。

防治方法：

（1）灯光诱杀雄虫。

（2）冬春季人工摘除茧壳外卵块。

（3）利用寄生蜂（赤眼蜂）防治卵。

角斑台毒蛾 - 幼虫
（延庆区沙塘沟 -2021 年 8 月 8 日拍摄）

角斑台毒蛾 - 成虫
（延庆区张山营 -2017 年 6 月 14 日拍摄）

94　盗毒蛾
Porhesia similis (Fueszly)

鳞翅目　毒蛾科

分布范围： 河北、内蒙古、辽宁、吉林。

识别特征： 成虫体白色，中型蛾子；前翅零星散落浅褐色斑点，后缘有黑褐色斑 0~2 个；腹末端有金黄色毛。卵橙色，半球形，中央稍凹，灰黄色，成堆，上覆盖黄褐色绒毛。

幼虫老龄体长 30~40 mm，体黑色，头黑色，背线橘红色，亚背线白色呈点线状，前胸两侧有红色毛簇 1 对，每节有红色点 1 个，气门上线黄色，每节有红斑 1 块，气门下线黄色，每节有橘红色瘤 1 个，上有黄褐色刚毛，黄色腹线两侧有不规则的橘红色斑点，第 1~8 腹节各节背线两侧黑色毛瘤 1 对，上有黑褐色长毛，第 9 腹节背面有红瘤 4 个，上有基部黑色的棕短毛。蛹体长约 10 mm，深褐色。茧黄色，薄，附有毒毛。

生活史： 北京一年发生 2 代，以幼虫在树上结茧越冬。5 月中旬越冬幼虫破茧补充营养，造成为害，5 月下旬化蛹，6 月上旬出现第 1 代成虫。6 月第 1 代幼虫发生为害；8 月出现第 2 代成虫，9 月第 2 代幼虫发生；10 月进入越冬，该虫有世代重叠现象，为害更加猖獗。

危害： 红叶李、郁李、海棠、樱桃、悬铃木、柳、榆、构树、珊瑚树、泡桐、刺槐、枣、核桃、重阳木等。

防治方法：

（1）黑光灯诱杀成虫。

（2）幼虫期用药剂防治，5 月上中旬是防治关键。该虫已对 Bt 乳剂产生抗性，故应选用 20% 除虫脲悬浮剂 7 000 倍液或 1.2% 烟参碱 2 000 倍液进行喷洒。

（3）结合修剪剥芽等其他养护措施，摘除虫茧。

盗毒蛾 - 幼虫
（延庆辉煌国际度假区 -2021 年 9 月 9 日拍摄）

盗毒蛾 - 成虫
（延庆区下德龙湾 -2022 年 6 月 21 日拍摄）

95 舞毒蛾
Lymantria dispar (Linnaeus)

鳞翅目　毒蛾科

分布范围：华北、东北、西北、山东、河南、湖南、湖北。

识别特征：成虫雌雄异型，雌蛾体长约 30 mm，翅展约 60 mm，前翅黄白色，中室横脉具有黑褐色"<"形斑纹 1 个；雄蛾体长约 20 mm，翅展约 45 mm，前翅灰褐或褐色，翅中央有黑褐色点 1 个。

卵圆形，馒头状，暗黄色，卵块表面覆盖暗黄色毛。幼虫 1 龄体色深，刚毛长，刚毛中间具泡状扩大的毛（风帆）。老龄体长约 75 mm，灰褐色；头部黄褐色，具"八"字形灰黑色条纹；背线灰黄色，亚背线气门上线、气门下线部位各体节均有毛瘤，排成 6 纵列，第 1~5 腹节背上有蓝色肉瘤 5 对，第 6~11 腹节背上有红色肉瘤 6 对。蛹体长 31~34 mm，赤褐或黑褐色，体表有锈黄色毛丛。

生活史：一年发生 1 代，以完成胚胎发育的幼虫在卵内越冬；4 月初幼虫陆续孵化，5 月上中旬为幼虫为害盛期，7 月为成虫羽化盛期。

危害：栎、槭、杨、柳、苹果、山楂、水稻、麦类。

防治方法：
（1）人工刮除越冬卵。
（2）灯光诱杀成虫。
（3）保护、利用寄生蝇、绒茧蜂、鸟等天敌。
（4）低龄幼虫期喷洒 20% 除虫脲 7 000 倍液。
（5）在 3~4 龄幼虫期喷洒舞毒蛾核型多角体病毒 3 000~5 000 倍液。

舞毒蛾 - 雌成虫
（赤城县大海陀 -2020 年 7 月 29 日拍摄）

舞毒蛾 - 雄成虫
（延庆区下湾 -2022 年 7 月 12 日拍摄）

舞毒蛾－幼虫（延庆区王木营－2021 年 6 月 20 日拍摄）

96 美国白蛾
Hyphantria cunea (Drury)

鳞翅目　灯蛾科

分布范围：西北、华北、东北。

识别特征：成虫体长 9~15 mm，一般雌成虫略大于雄成虫，体白色，个别越冬代雄成虫前翅有黑色斑点；雌成虫触角锯齿状，雄成虫触角双栉状。多数个体前足基节、腿节橘黄色，胫节和跗节内侧白色、外侧黑色。

幼虫 6~7 龄。老熟时头黑色，具光泽，背部中央有灰褐色至黑色的宽纵带 1 条，两侧各有黑色毛瘤 1 列，毛瘤上着生白色长毛，并混杂少量黑色长毛。

卵近球形，表面具许多规则的小刻点，初产卵淡绿或黄绿色，有光泽，后变灰绿色，近孵化时灰褐色，顶部呈黑褐色。

生活史：在北京一年发生完整的 3 代，以老熟幼虫在树皮裂缝、树洞、树下土块、枯枝落叶、包装物及建筑物缝隙等隐蔽处化蛹越冬；越冬代成虫于 3 月下旬至 6 月下旬羽化，第 1、第 2 代和越冬代（第 3 代）幼虫为害期分别为 5 月上旬至 7 月上旬、7

月上旬至 8 月下旬、8 月下旬至 11 月上旬，世代重叠严重。

危害：食性非常杂，主要种类有糖槭、桑、悬铃木、臭椿、榆、白蜡、核桃、杨、山楂、苹果、李、梨、刺槐、柳等。

防治方法：

（1）冬、春季刮除主干老树皮蛹和墙缝内的蛹，集中烧毁落叶；早春越冬代产卵期及时剪除和集中烧毁带卵、带网幕的枝叶；秋季老熟幼虫下树化蛹前，在树干离地面 1 m 高处围以稻草、干草、草帘或草绳束绑，待幼虫化蛹其中后再解下围草杀死或烧毁。

美国白蛾－成虫
（延庆区张山营 -2013 年 5 月 13 日拍摄）

（2）保护和利用天敌资源。在老熟幼虫期和化蛹初期各释放 1 次周氏啮小蜂，释放量为田间美国白蛾数量的 5 倍，以有效控制害虫种群数量。

（3）用黑光灯诱杀成虫。

（4）成虫期在田间挂设美国白蛾性引诱器，挂设高度 3~4 m（越冬代略低，第 1、第 2 代要高），每间隔 100 m 挂设 1 个。

（5）药物防治，对卵及 4 龄以前幼虫喷洒 20% 除虫脲悬浮剂 7 000 倍液或病毒液。

美国白蛾－为害状（延庆区四海镇 -2017 年 9 月 13 日拍摄）

美国白蛾－幼虫（延庆区大庄科－2009 年 8 月 14 日拍摄）

97　漆黑污灯蛾
Spilarctia infernalis (Butler)

鳞翅目　灯蛾科

分布范围：北京、河北、辽宁、山西。

识别特征：雌雄异型，雄蛾翅展 34~36 mm，雌蛾 42~46 mm；雄蛾黑色，头顶黑褐色，颈板、肩角红色或橙红色，足基节红色，腹部红色，具 5 列黑点；雌蛾灰黄色至黄色，前翅无斑点，后翅后缘基部染红色。

末龄幼虫体长 25~30 mm，紫褐色。刚毛白色与黑色混杂。头赭色，背线黄色，亚背线上各节毛瘤发达，具蓝色闪光。

生活史：一年发生 1 代，多以 3~4 龄幼虫在枯枝落叶及杂草中越冬。5 月上旬越冬幼虫开始取食为害，5 月下旬老熟幼虫开始化蛹，6 月下旬进入羽化高峰期，7 月下旬开始出现幼虫，9 月中旬幼虫下树越冬。

危害：桑、桃、樱桃、梨、苹果、柳。

防治方法：

（1）灯光诱杀成虫。

（2）幼虫期喷洒 40% 绿来宝乳油 500 倍液。

漆黑污灯蛾 - 幼虫
（延庆区黄石碴 -2020 年 9 月 9 日拍摄）

漆黑污灯蛾 - 幼虫 - 为害状
（延庆区八达岭 -2022 年 8 月 12 日拍摄）

98 桃剑纹夜蛾
Acronicta intermedia (Warren)

鳞翅目　夜蛾科

分布范围：北京、河北、内蒙古、东北、陕西、福建、四川。

识别特征：成虫头顶灰棕色，颈板有黑纹，腹部褐色；前翅灰色，基线前缘区黑线 2 条，基剑纹黑色、树枝形，内横线双线，暗褐色，波浪形外斜，外横线双线，外一线锯齿形；后翅白色，外横线微黑。

幼虫老龄体长约 43 mm，头部棕黑色，背线黄色，亚背线由中央为白点的黑斑组成，气门上线棕红色，气门线灰色，气门下线粉红至橙黄色，腹线灰白色；第 1、第 8 腹节背有黑色锥形突起，上有黑色短毛；各节毛片上着生黄色至棕色长毛。

生活史：北京一年发生 2 代，老熟幼虫在树干上啃皮为屑缀丝做粗茧化蛹越冬；6 月、8 月为成虫期，成虫趋光性强。7 月、9 月为幼虫期。

危害：桃、梨、樱桃、梅、李、杏、苹果、柳、榆。

防治方法：

（1）灯光诱杀成虫。

桃剑纹夜蛾 - 成虫
（延庆区三潭沟 -2020 年 8 月 11 日拍摄）

（2）幼虫期喷洒 40% 绿来宝乳油 500 倍液。

桃剑纹夜蛾 - 幼虫（延庆区乌龙峡谷 - 杏 -2020 年 9 月 2 日拍摄）

99 桑剑纹夜蛾
Acronycta major (Bremer)

鳞翅目　夜蛾科

分布范围：东北、华北、西北、华东、中南、西南。

识别特征：成虫头、胸和前翅灰白带褐色；前翅基剑纹黑色，端分枝，内线双黑，环纹和肾纹灰色白边，外线双锯齿形，端剑纹黑色，在 5、6 脉间有 1 条黑纵线与外线交叉；后翅淡褐色。

幼虫老龄体长约 52 mm，灰白色；头部黑色，光滑，带有蓝色光泽；体散布大小不同的淡褐色圆斑，每体节背各具褐斑 1 个，而以第 3~6 和第 8 腹节最大；全身密布小刺，刚毛较长，灰白至黄色。

生活史：北京一年发生 1 代，老熟幼虫吐丝脱毛缀木屑及枯叶做茧化蛹，

桑剑纹夜蛾 - 幼虫
（延庆区滴水湖 -2021 年 8 月 4 日拍摄）

以蛹越冬。翌年 7 月上旬成虫羽化，成虫趋光性强。产卵于叶背，卵平铺成块，每卵块数十至数百粒卵。初孵幼虫群居，3 龄后分散为害，8 月中下旬老熟幼虫为害最烈，常食光树叶。

危害：桑、香椿、桃、梨、梅、李、柑橘。

防治方法：

（1）灯光诱杀成虫。

（2）人工摘除越冬茧。

（3）幼虫期喷洒 25% 噻虫嗪水分散粒剂 5 000 倍液。

桑剑纹夜蛾 – 成虫
（怀来石盘口 –2020 年 8 月 19 日拍摄）

100 黄褐天幕毛虫
Malacosoma neustria testacea Motschulsky

鳞翅目　枯叶蛾科

分布范围：北京、黑龙江、内蒙古、福建、江西、湖南、贵州、云南、青海、甘肃、四川、云南等地。河北省张家口市怀来县、赤城县危害严重。

识别特征：成虫雌雄异形，雌体长 15~17 mm，翅展 40~50 mm，雄体长 13~14 mm，翅展 24~32 mm；雌性褐色，雄性黄褐色，前翅中部均有深褐色横线 2 条，线间为褐色宽带。卵灰白色，圆筒形、中央凹入，在小枝上密集环状排列成"顶针"状。幼虫初孵时体黑色，老熟时体长达 55 mm，头灰蓝色，有黑斑 2 个，背线白色，亚背线、侧线及气门上线橙黄色，第 1 和最末腹节背面有大黑斑 1 对，腹末前节 4 斑，其余各节杂斑。蛹体黄褐色，长约 25 mm。茧淡黄色，椭圆形，外被有白粉。

生活史：一年发生 1 代，以完成胚胎发育的幼虫在卵壳内越冬；春季树木展叶时，幼虫孵化；4 月下旬幼虫分散为害，并进入暴食期，严重发生时可将受害树木叶片全部吃光。

危害：蔷薇科植物、柞、柳、杨、桦、榛等。

防治方法：

（1）冬季摘除枝上卵块，集中烧毁。

（2）初龄期剪除网幕，杀死网中幼虫或喷洒 20% 除虫脲悬浮剂 7 000 倍液。

（3）灯光诱杀成虫。

（4）严重发生区的老龄期可喷洒核型多角体病毒液。

黄褐天幕毛虫 – 幼虫

（延庆区珍珠泉 –2015 年 5 月 4 日拍摄）

黄褐天幕毛虫 – 成虫

（延庆区松山 –2017 年 6 月 15 日拍摄）

黄褐天幕毛虫 – 卵环

（延庆区大营村 –2019 年 5 月 31 日拍摄）

黄褐天幕毛虫 – 为害状

（延庆区风沙源 –2015 年 5 月 7 日拍摄）

101 大黄枯叶蛾（栎黄枯叶蛾、黄绿枯叶蛾）
Trabala vishnou gigantina Yang

鳞翅目　枯叶蛾科

分布范围： 华北、陕西、甘肃、河南。

识别特征： 翅展 54.0~95.0 mm，雌雄异形。雄蛾体翅豆绿色，触角黑褐色，双栉状。雌蛾赭黄色至黄绿色，触角褐色，短栉状。雄蛾前翅内外线深绿色，内侧衬白色线纹，中室 1 个黑褐色小点，亚外缘线为黑褐点线波状，缘毛灰绿色；雌蛾前后翅黄绿色，翅基赭黄色。前翅中室端有 1 个近三角形黑褐斑块，中室后自翅基至亚外缘有 1 个菱形黑褐色大斑。

生活史： 一年 1 代，以卵在树干和小枝上越冬。翌年 4 月下旬开始孵化，5 月下旬孵化结束。初孵幼虫群集于卵壳周围，取食卵壳，经一昼夜，即开始取食叶肉，1~3 龄有群集性，食量大，受惊吓后吐丝下垂。4 龄后分散为害，食量猛增，受惊后昂头左右摆动。8 月下旬幼虫老熟，于树干侧枝、灌木、杂草及岩石上吐丝结茧化蛹，蛹期 9~20 天；8 月中旬成虫羽化，9 月上旬为羽化盛期，成虫多为夜晚羽化交尾，当晚或次日产卵于树干或枝条、茧上，排成 2 行，即行越冬。

危害： 杨、柳、榆、栎类、蔷薇科、核桃、沙棘、榛子、山荆子、蓖麻等。

大黄枯叶蛾 - 雄成虫（延庆区六道河 -2023 年 9 月 5 日拍摄）

大黄枯叶蛾 - 雌成虫
（延庆区千家店 -2006 年 9 月 20 日拍摄）

大黄枯叶蛾 - 幼虫
（延庆区千家店 -2020 年 7 月 6 日拍摄）

102 樗蚕蛾
Philosamia cynthia Walker et Felder

鳞翅目　大蚕蛾科

分布范围： 东北、华北、华东、西南各地。

识别特征： 成虫体长 20~30 mm，翅展 110~125 mm；体大型，青褐色，头四周、颈板前端、前胸后缘、腹背线、侧线及末端均白色；前翅褐色，顶角圆突，粉紫色，具黑色半透明眼斑 1 个，前后翅中央各具新月斑 1 个，斑外侧有纵贯全翅的宽带 1 条，带中粉红色，外侧白色，内侧深褐色，边缘有白曲纹 1 条。卵扁椭圆形，长约 1.5 mm，灰白色，上有褐色斑。幼虫老熟体长 55~60 mm，青绿色，被有白粉，各体节有枝刺 6 根，以背中 2 根为大；体粗大，头、前中胸及尾部较细。蛹体棕褐色，长约 28 mm。茧灰白色，橄榄形，上端开孔，茧柄长 50~130 mm。

樗蚕蛾-幼虫
（延庆区三潭沟-2020 年 8 月 11 日拍摄）

生活史： 北京一年发生 2 代，以蛹在树木上结茧越冬。5 月成虫羽化、交尾和产卵，产卵于叶背，卵成堆，卵约经 12 天孵化幼虫，初龄幼虫群集为害，5—6 月和 9—11 月分别是各代幼虫期。幼虫在树上缀叶结茧，越冬代多在杂灌木上结茧。成虫飞翔力强，有趋光性。

危害： 臭椿、乌桕、悬铃木、冬青、樟合欢、柑橘、刺槐、泡桐、枫杨、核桃等。

防治方法：

（1）人工捕杀幼虫和摘茧烧毁。

（2）灯光诱杀成虫。

（3）幼龄幼虫期喷洒除虫脲 8 000 倍液。

（4）保护和利用天敌。

樗蚕蛾-成虫（延庆区莲花山-2024 年 7 月 16 日拍摄）

103 绿尾大蚕蛾
Actias selene ningpoana Felder

鳞翅目　大蚕蛾科

分布范围： 北京、河北、河南、江苏、浙江、江西、湖南等地。

识别特征： 成虫翅展约 123 mm，粉绿色前翅前缘紫褐色，外缘黄褐色，中室末端有眼斑 1 个，翅脉较明显，灰黄色，后翅也有眼纹 1 个，后角尾状突出长约 40 mm。卵球形，稍扁，灰黄色，直径约 2.5 mm。幼虫 1、2 龄体褐色，3 龄橘红色，4 龄嫩绿色，老龄黄绿色，老熟幼虫体长 73~82 mm，头较小，浅褐色气门线下至腹面浓绿色，腹面黑色，臀板中央及臀足后缘有紫褐色斑；中、后胸及第 8 腹节背的毛瘤顶端黄色，基部黑色，其他部位毛瘤端部蓝色，基部棕黑色，其上的刚毛棕黄色，身体其他部位的刚毛黄白色。

蛹体赤褐色，额区有浅黄色三角斑 1 个。茧灰色，椭圆形。

生活史： 一年发生 2 代，以蛹在树木下部枝干分叉处结茧越冬。翌年 4 月中旬至 5 月上旬冬蛹羽化，5 月中旬出现第 1 代幼虫，6 月上旬老熟幼虫化蛹，6 月下旬至 7 月上旬出现第 1 代成虫，7 月上中旬出现第 2 代幼虫，9 月上中旬老熟幼虫结茧化蛹进入越冬状态。

危害： 柳、杨、樱花、紫薇、枫杨、枫香、喜树、核桃、苹果、火炬树等。

防治方法：

（1）黑光灯诱杀成虫。

（2）在幼龄幼虫期喷洒 Bt 乳剂 500 倍液或 20% 除虫脲悬浮剂 7 000 倍液。

（3）人工捕杀老龄幼虫，采茧灭蛹。

绿尾大蚕蛾 - 幼虫
（延庆区千家店 -2004 年 8 月 30 日拍摄）

绿尾大蚕蛾 - 成虫
（延庆区三潭沟 -2020 年 8 月 12 日拍摄）

104 黄褐箩纹蛾
Brahmaea certhia Fabricius

鳞翅目 箩纹蛾科

分布范围：华北、东北、华东、华中。

识别特征：成虫体长约3 mm，翅展约9 mm；头部光滑，触角丝状，与身体几乎相等；翅狭长，被银灰色鳞片；雌蛾颜色浅，腹部较粗大，雄蛾颜色稍深，腹部细而短。卵黄色，半球形。老熟幼虫体长约5 mm，黄褐色，头及前胸背板黑褐色，闪亮光，腹足退化。蛹黑褐色，长约3 mm，雄蛹前翅明显超过腹端，雌蛹前翅一般不超过腹端。

危害：水蜡、丁香女贞、桂花等。

黄褐箩纹蛾 – 成虫（延庆区青龙谷 –2024年5月13日拍摄）

105 山楂绢粉蝶（绢粉蝶）
Aporia crataegi (Linnaeus)

鳞翅目 粉蝶科

分布范围：北京、山西、内蒙古、青海、湖南、陕西、东北、河南、宁夏等地。河北省张家口市赤城县危害严重。

识别特征：中大型粉蝶，翅展50~80 mm。体黑色，头胸及足被淡黄白色至灰白色鳞毛。触角棒状，端部淡黄色。雄蝶翅白色，翅脉黑色，前翅外缘除臀脉外各脉末端均有烟黑色的三角形斑纹。后翅的翅脉细，黑色明显，鳞粉分布较前翅厚，呈灰白色。翅腹面脉纹较背面明显，常散布一层淡灰色鳞片。雌蝶整体偏赭黄色，翅脉黑褐色，前翅背面顶角泛黄色，中室及后缘呈半透明状。腹面与背面类似，呈黄灰色。老熟幼虫体长40~45 mm，粗壮，略呈圆筒形，灰褐色，密布小黑点。头黑色，胴部背面有3条黑色纵纹，其间夹有2条黄褐色纵纹，腹面灰色。头胸臀板黑色。

生活史：一年1代，成虫多见于5—7月，6月最盛，此蝶发生期数量极多，个体较大，洁白飘逸，玉渡山、松山都能见到，有时甚至还会飞到平地的花园中，和小檗绢粉蝶同时发生，常在河边湿地、沙滩上集群饮水，可形成上百只的较大群体，雪白的一大片。

危害：蔷薇科的苹果、梨、山楂等果树和山杨、卵叶桦、山柳等。

山楂绢粉蝶 - 成虫
（怀来县茨儿山 -2019年6月11日拍摄）

山楂绢粉蝶 - 幼虫（赤城县军屯堡 -
苹果 -2021年5月19日拍摄）

106 花椒凤蝶（柑橘凤蝶、橘黄凤蝶）
Papilio xuthus (Linnaeus)

鳞翅目　凤蝶科

分布范围：河北、陕西、河南、辽宁、甘肃等地。

识别特征：体长25~30 mm，翅长70~100 mm。体黄绿色，背面有黑色的直条纹。翅黄绿色或黄色，沿脉纹两侧黑色，外缘有黑色宽带，带间的黄绿色月斑前翅有8个，后翅有6个。前翅中室端部有2个黑斑，基部有几条黑色纵线。后翅外缘波状，中间有一尾状突起；后翅黑带被有散生的蓝色鳞粉，臀角有一橙黄色圆斑，中间有一小黑点。

老熟幼虫体长35~48 mm，草绿色。前胸中央有1个黄色分叉的臭角，不惊动不伸出，后胸有2个马蹄状斑，两侧有眼状斑。第1腹节后缘有1条黑色横带，腹部第6、第7节侧面有向下延伸白色斜纹。初龄幼虫黑色，具瘤状突起和白色斜带纹，形如鸟粪。

生活史：一年发生2~3代，以蛹在枝条、建筑物等隐蔽处越冬。4月中下旬，即花椒发芽期越冬代成虫羽化，6月上旬第1代成虫羽化，7月下旬第2代成虫羽化。

花椒凤蝶－成虫
（延庆区大营村－2020年8月25日拍摄）

危害：花椒等芸香科植物。

防治方法：夏季幼虫孵化后，在花椒树冠喷洒5%的高效氯氰菊酯、95%敌百虫晶体800~1 000倍液、50%辛硫磷乳油1 500倍液，杀虫效果在90%以上。

花椒凤蝶－幼虫
（延庆区大营村－2020年8月10日拍摄）

花椒凤蝶－蛹
（延庆区大营村－2020年8月19日拍摄）

107 丝带凤蝶
Sericinus montela Gray

鳞翅目　凤蝶科

分布范围：北京、辽宁、黑龙江、吉林、河北、甘肃、宁夏、陕西、河南、浙江、江西、湖北、湖南等地。

识别特征：中型凤蝶，翅展 50~60 mm，性二型，一黑一白像一套配对的礼服，"白色礼服"是雄性，"黑色礼服"反而是雌性。躯体黑、白、红三色相间，触角短，翅薄如纸，尾突细长。雄性翅底色为淡黄白色，基角、前缘、顶角及外缘黑色或黑褐色，中室中部和端部各有 1 个黑色条斑，中后区有 1 列大小和形状都不规则的夹带有红色（极个别个体呈黄色）的黑斑。后有 1 条中横带，中间错位后与臀角的大黑斑相连，大黑斑中有红色横斑，此红斑有时沿中横带延伸到前缘，红横斑下有蓝斑，有些个体中室还有 1 块大黑斑。雄蝶尾突的长度常短于雌蝶或等于雌蝶，绝不会长于雌蝶。雌蝶前翅中室有 5 个大小不同、形状各异的不规则黑褐斑；前缘、外缘、亚外缘、外中区、中区、基区和亚基区都布有不规则的黑褐色斑或带后翅基区、亚基区有不规则的斜横带，中带红色，在室错位，到外中区直达后缘，且镶有黑边；亚外缘区具黑色带，此带间有些个体有蓝斑，外缘波状、黑色；尾突长，黑色，末端黄白色。腹面与背面相似。春型个体大小只有夏型的一半，尾突较短；夏型个体较大，尾突长度是春型的 2 倍多。幼虫黑色，前胸两侧各有 1 个前伸黑毛束。胴部每节有 4 个红色钉状凸起。有白色次生毛。

生活史：一年发生 3~4 代，以蛹越冬，每年 4—10 月可见成虫，一般分布于海拔 1 000 m 以下山地，飞翔轻缓，雌性飞行能力较弱，一般藏在马兜铃附近，不遇到惊吓不飞，由于颜色较淡不易被发现。春季雌蝶将卵产在马兜铃嫩芽的基部，找

丝带凤蝶－雌成虫（2013 年 7 月 24 日拍摄）

到马兜铃就能找到该种类蝴蝶,有马兜铃分布的地方有时会有大量的聚集,能在寄主叶片上看到各龄期幼虫。

危害: 北马兜铃和马兜铃。

丝带凤蝶－雄成虫(延庆区青龙谷-2024年8月22日拍摄)

丝带凤蝶－幼虫(延庆区北地村-2024年8月29日拍摄)

第七章　病害

108 苹桧锈病

病原：*Gymnosporangium yamadai* Miyabe

分布范围：全国各地。

病原特征：山田胶锈菌又称苹果东方胶锈菌，属担子菌亚门、冬孢菌纲、锈菌目、柄锈菌科、胶锈菌属真菌，是一种转主寄生菌，在苹果树上形成性孢子和锈孢子，在桧柏上形成冬孢子，以后萌发产生担孢子。性孢子器近圆形，埋生于表皮下。性孢子单细胞，无色，纺锤形。锈孢子器圆筒形，一般在叶背，也可长在果实上。锈孢子球形或多角形，单细胞，栗褐色，膜厚，有瘤状突起。护膜细胞长梭形或长六角形，有卵圆形的乳头状突起。冬孢子双细胞，无色，具长柄，卵圆形或椭圆形，分隔处稍缢缩，暗褐色。冬孢子的两个细胞各具有2个发芽孔，萌发时长出有分隔的担子，4个细胞，每胞上生1个小梗，顶端着生1个担孢子。担孢子卵形，淡黄褐色，单细胞。

危害：桧柏、龙柏、苹果、海棠和山楂等。

防治方法：

（1）避免仁果类果树与柏科树木近距离栽植。

（2）冬季剪除柏树上的瘿瘤。

（3）春季第一场透雨后，孢子萌发扩散前在柏树上连喷2次1~3°Bé石硫合剂，在仁果类果树上使用15%三唑酮可湿性粉剂等喷雾防治。

（4）7—10月病菌转移到柏树时，使用100倍等量式波尔多液等喷雾防治。

苹桧锈病 - 桧柏（延庆区风沙源 -2022年5月2日拍摄）

苹桧锈病（延庆区井庄 - 2020年8月8日拍摄）

苹桧锈病（延庆区张山营 - 2015年8月18日拍摄）

苹桧锈病（延庆区张山营 −2016 年 7 月 6 日拍摄）

109 杨树炭疽病

病原： *Colletotrichum gloeosporioides* (Penz.) Penz. & Sacc.

分布范围： 全国各地杨树种植区。

病原特征： 病原为胶孢炭疽菌，主要以侵染枝、叶为主，严重时导致大片的杨树叶片枯死，枝梢产生"黑叶"症状。

危害： 杨树。病菌借风、雨传播；苗木或幼林密度大时，易发生病害。

症状： 受害叶片发黑，悬而不落；发病初期，叶柄上有明显的黑褐色病斑，雨季为发病高峰。病害多发生在叶柄基部，病部先出现黑褐色病斑，病斑扩展包围整段叶柄时，叶片逐渐变褐枯死；嫩枝上的病斑为溃疡斑。病叶初期在叶背面出现针头大小的水渍斑点，叶正面相应处失绿，随后病斑不断扩大，形成黑色病斑。最后病叶脱落，枝梢光秃。

防治方法：

（1）清除病枝、叶，集中深埋或烧毁。

（2）生长期喷洒 50% 多菌灵，或 50% 甲基硫菌灵 500 倍液。

（3）选育抗病品种。

杨树炭疽病（延庆区妫河 -2018 年 9 月 15 日拍摄）

杨树炭疽病 - 初期叶柄症状
（延庆区保山堡 -2024 年 9 月 13 日拍摄）

杨树炭疽病（延庆区小河屯 -2015 年 8 月 13 日拍摄）

110 黄栌白粉病

病原：漆树钩丝壳菌 *Erysiphe verniciferae*（P.Henn.）U. Braun & Takam.
分布范围：全国各地。河北省张家口市怀来县、赤城县有危害。
危害：黄栌、五角枫等。

症状：病原在病落叶和病枝上越冬；6月下旬至7月上旬发病，8—9月为发病盛期。白粉病发生在叶、嫩茎、花柄及花蕾、花瓣等部位，初期为黄绿色不规则小斑，边缘不明显。随后病斑不断扩大，表面生出白粉斑，最后该处长出无数黑点。染病部位变成灰色，连片覆盖其表面，边缘不清晰，呈污白色或淡灰白色。受害严重时叶片皱缩变小，嫩梢扭曲畸形，花芽不开。

黄栌白粉病（北京市丰台区 – 赵京芬拍摄）

防治方法：

（1）选择抗病品种。

（2）在购入苗木时要严格剔除染病株，杜绝病源。

（3）进行扩繁时，要剪取无病虫插枝或根蘖作为无性繁殖材料。

（4）苗木出圃时，要进行施药防治，严防带病苗木传入新区。

（5）与非寄主花木轮作2~3年，以减少病源。

黄栌白粉病（北京市丰台区 – 赵京芬拍摄）

（6）预防大棚内花木发病。大棚育苗种植前，彻底清除棚内所有植物，清扫棚室，用药物熏烟等手段严格消毒。

（7）药剂防治。

草坪锈病

病原：*Puccinia coronata* Corda var. coronata

分布范围：全国各地草坪。

症状：锈病发生初期在叶和茎上出现浅黄色斑点，随着病害的发展，病斑数目增多，叶、茎表皮破裂，散发出黄色、橙色、棕黄色或粉红色的夏孢子堆。用手捋一下病叶，手上会有一层锈色的粉状物。草坪草受锈病为害后，会生长不良，叶片和茎变成不正常的颜色，生长矮小，光合作用下降，严重时导致草坪死亡。

发生规律：8月中旬可零星发现，一直持续至9月中旬，病情发展快时，可见由黄色或黄褐色小病草区（发病中心），迅速扩大而造成整个草坪发病，病叶变黄枯死。

防治方法：

（1）加强栽培管理。避免密植、高温高湿、通风不佳。

（2）发病期及时喷施三唑酮。

草坪锈病－为害状（延庆区南荒滩－2012年8月11日拍摄）

草坪锈病－为害状
（延庆区南荒滩－2021年8月11日拍摄）

草坪锈病－子实体
（延庆区南荒滩－2021年8月11日拍摄）

112 毛白杨锈病

病原： 马格栅锈菌 *Melampsora magnusiana* Wagner

分布范围： 国内广泛分布。

危害： 小叶杨、新疆杨、银白杨等多种杨树。

症状： 病害发生在越冬的病芽，萌发的嫩芽、叶片叶柄和嫩梢上。嫩芽染病，常常在其刚萌动和放叶时，新梢上出现密集的黄色粉堆（即病菌的夏孢子堆），形似一束黄色的绣球花，病芽往往不久即枯死。

受到该病侵染严重的病芽约经3周便干枯萎蔫。展叶后，黄色粉堆则散生于叶背，叶面的相应部位呈黄色斑点；受害严重的病叶呈畸形，特别是刚展开的新叶染病后发育不好，形成锈头状。已硬化叶片不易感病。染病的叶柄和嫩梢上也会产生黄色粉堆，呈条状着生，孢子飞散后嫩梢易被其他病菌侵染而形成枯梢。染病落叶在翌年春季有时可生赭色疱状小点，为病菌的冬孢子堆。

病菌主要以菌丝状态在冬芽或其他组织内潜伏越冬。翌春，当冬芽萌动时，越冬的菌丝亦逐渐发育，并在越冬的病芽、新梢和嫩叶上产生夏孢子堆，成为本病初侵染的中心。当病株达到一定数量时，在适宜的气候条件下，毛白杨锈病会进一步随风扩散。

防治方法：

（1）选栽抗病性强的优良品种。选育优质、速生、抗病性强的树种。

（2）春季萌芽时，一旦发现病株，要及时摘除病芽、病叶，剪除病枝，收集后统一烧毁或深埋，以控制初次侵染病原的扩散蔓延。同时，在杨树生长季节，注意清除林地内的染病落叶并集中烧毁，以减少二次侵染。

（3）在发病初期，可用1%石灰多量式波尔多液、65%代森锌可湿性粉剂500倍液、0.3~0.5°Bé石硫合剂、敌锈钠200倍液等药剂，每10~15天喷洒1次进行预防，几种药剂交替使用，避免出现抗药性，影响防治

毛白杨锈病（延庆区张山营 –2016年7月13日拍摄）

效果。

毛白杨锈病（延庆区张山营 -2011 年 5 月 19 日拍摄）

113 杏疔病

病原：*Polystigma deformans* Syd，称杏疔座霉，属于囊菌亚门真菌。

分布范围：杏种植区。

危害：主要危害杏树。

症状：杏疔病主要为害新梢和叶片，还可为害花和果实。杏疔病发生时整个杏树新梢的枝叶全部发病，受害严重的树上挂满成簇的发黄病叶丛。

新梢染病后，生长缓慢或停滞，节间缩短，表皮逐渐由暗红色变成黄绿色，其上叶片簇生、卷曲、增厚变硬，叶色失绿，由黄色渐变为黄红色至褐色，叶柄短粗，基部肿胀，并在叶片两面散生许多红褐色小粒点，遇雨或潮湿条件释放出大量淡黄色黏液，干燥后黏附在叶面上形成黄色胶质层。秋季病叶干枯变黑，质脆易碎，叶背散生小黑点，病叶成簇挂在枝条上，不易脱落，受害枝梢一般不能结果或结果少。

杏树花被侵染后，花萼肥厚，开花受阻，即使能开放，其花瓣多为畸形，花萼和花瓣均不易脱落。果实染病，生长停滞，果面生淡黄色、不规则病斑，中后期病斑上散生红褐色小粒点，病果后期干缩脱落或挂在树上。

防治方法：

（1）育苗或建园时宜选择地势高燥、背风向阳地块，避免在地势低洼地块建园，同时合理控制栽植密度。

（2）加强栽培管理，增强树体抗病力。科学施肥，协调氮、磷、钾肥施用比例，优化土壤理化性状；及时排出低洼易涝园内积水，适度中耕，提高土壤透气性。

（3）尽量减少树体伤口，对剪、锯口及时涂抹杀菌剂或油漆等进行封闭，减少病菌侵染途径。

（4）冬季修剪后或春季萌芽前，全园喷洒1次5°Bé石硫合剂，或春季萌芽前喷洒5%菌毒清水剂1 000倍液或25%丙环唑乳油800倍液。从展叶期开始每15天交替喷80%代森锰锌M-45可湿性粉剂800倍液、1∶1.5∶200倍波尔多液、70%甲基硫菌灵可湿性粉剂800倍液或50%多菌灵可湿性粉剂800倍液等药剂进行预防。

杏疗病（延庆区佛爷顶-2021年6月9日拍摄）

杏疗病（延庆区佛爷顶-2022年7月6日拍摄）

114 杨树溃疡病

病原：病原为葡萄座腔菌 *Botryosphaeria dothidea* (Moug.ex.Fr.) Ces.et De Not.，是分布较广、为害较重的杨树干部病害。

分布范围：杨树分布区。

症状：该病菌可为害主干和枝条，幼树多发生于主干的中下部；病斑有水渍状和水泡状两种，多发生在枝干皮孔边缘，圆形或椭圆形，斑径多为 5~20 mm；泡内充满无色无味液体，水泡破裂后病斑凹陷呈深褐色，皮层腐烂变黑。一年出现 2 次发病高峰，5月下旬至6月上旬为第 1 次发病高峰期，8—9 月为第 2 次发病高峰期。杨树溃疡病为寄主主导型病害，树体含水量低有利于该病发生，树皮含水量与抗病性成正相关。

防治措施：

（1）选用抗性树种和抗性品种。

（2）及时浇水，保持树体（苗木）充足的水分是防止病害发生的关键。

（3）树干涂白或利用 3~5° Bé 石硫合剂涂干或喷干可有效预防该病发生。

（4）利用甲基硫菌灵或代森锰锌喷干防治。

（5）加强监测，及时清理病死木。

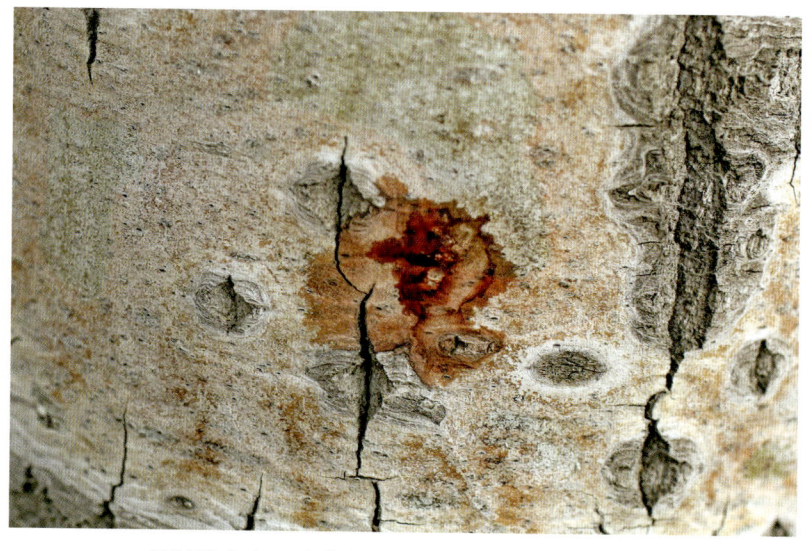

杨树溃疡病－为害状（2012 年 4 月 15 日拍摄）

115 冠瘿病（根癌病）

病原：*Agrobacterium tumefactions* (Smith and Townsend) Conn.

分布范围：华北地区

危害：樱花、桃、杨、柳等林木、果树和花卉植物。

症状：病菌多从树木的裂口、伤口侵入，主要为害树木的根颈、侧根、主根以及枝干等部位；典型症状是在被害部位出现球形或扁球形瘤状物，初期个小、光滑、柔软，后期表皮粗糙，多开裂；瘤的差异较大，大小不一。染病树木发育受阻，生长缓慢，植株矮小，严重时叶片黄化，早衰；成年染病果树，果实少而小。樱花、84K 杨、毛白杨以及核果类果树发病率较高。碱性、黏性土壤，排水不良的地块发病重；湿度大的砂壤土发病重。病菌主要通过苗木、插条调运等远距离传播，通过雨水、农事活动、地下害虫、线虫等近距离传播。

防治方法：

（1）主要采用药剂喷雾、药液浸泡、灌根、土壤消毒，以及切除肿瘤后涂抹药剂等。病株周围的土壤可以用 0.1% 甲醛消毒，或用硫黄粉 50~100 g/m²、漂白粉 100~150 g/m² 及福尔马林 60 g/m² 进行土壤消毒，也可用抗菌剂 402 的 2 000 倍液灌注消毒。另外，用硫黄粉或硫酸亚铁调节土壤 pH 值至 5.0 以下可有效预防根癌病的发生。

（2）严格检疫，防止冠瘿病随寄主植物传入和扩散蔓延；发现带病苗木立即清除，集中烧毁。

（3）采用高位嫁接法嫁接苗木；防止嫁接工具传播病菌。

（4）施用酸性肥料、有机肥料和复合肥改良碱性土壤。

（5）及时防治蛴螬、蝼蛄等地下害虫。

（6）利用抗根癌菌制剂 K84 蘸根预防。

冠瘿病（延庆区永宁 –2017 年 4 月 16 日拍摄）

116 黄栌枯萎病

病原：大丽花轮枝孢菌 *Verticillium dahliae* Kleb

危害：黄栌。

症状：黄栌枯萎病是一种系统侵染性病害，常造成黄栌大面积枯死；叶部有两种萎蔫类型：一种是绿色萎蔫型，主要表现为不失绿，不落叶；另一种是黄色萎蔫型，主要表现为叶脉绿色，叶片枯黄、脱落。5—6月为黄栌枯萎病的主要侵染时期，5月中旬便可发现叶部萎蔫症状；7—8月为发病盛期。病菌从寄主植物根部侵染进入植物体，沿维管组织扩散至植物各个部位，导致植物水分、矿物质等吸收、运输出现障碍，从而使寄主植物出现枯萎、衰弱，甚至死亡等症状。

防治方法：

（1）严格检疫，防止带病苗木进入绿化造林地。

（2）营造混交林，改良土壤理化性状，适量施入磷肥和钾肥，避免过量使用氮肥。

（3）新植苗木，使用萎菌净、50%多菌灵等枝干喷雾防治；发病树木使用萎菌净、50%多菌灵等灌根防治。

（4）及时剪除发病较轻的枝梢；注意使用萎菌净和50%多菌灵消毒剪锯口和修剪工具。

黄栌枯萎病
（延庆区农场路-2015年7月14日拍摄）

黄栌枯萎病
（延庆区农场路-2015年7月14日拍摄）

黄栌枯萎病（延庆区农场路 -2015 年 7 月 14 日拍摄）

117 枣疯病

病原： 枣植原体 Jujube witches' broom MLO
分布范围： 北京、河南、河北、陕西、山东、安徽、贵州、云南等省大枣产区。
危害： 枣、酸枣。
症状： 枣树感病后节间短，叶片变小，枝叶丛黄化，冬季不脱落；花梗明显延长，萼片、花瓣变为小叶；果实畸形，果肉疏松，失去食用价值。通常由一个或几个枝先发病，进而扩展到全树，其蔓延速度因品种和管理条件而异；病树重者 2~3 年、轻者 5~6 年即可死亡。枣疯病主要通过嫁接和凹缘菱纹叶蝉、中华拟菱纹叶蝉等刺吸类昆虫传播。土地贫瘠、肥水条件差、管理粗放、杂草丛生、树龄小、树势较弱的枣园发病严重。

防治方法：
（1）严格检疫，防止带病苗木传入和扩散蔓延。
（2）清除发病较重的枣树，剪除发病较重的枝条。
（3）使用"祛疯 1 号""祛疯 2 号"等药剂树干输液治疗防治。
（4）选用抗性品种对发病树进行多头高接。
（5）及时防治传媒昆虫，切断传播链。
（6）合理修剪，适量负载，增强树势，及时清除园内杂草及周边感病酸枣树。

枣疯病（延庆区小浮沱－王雪杰
2023年9月17日拍摄）

枣疯病（延庆区程家窑－高立丽
2024年8月17日拍摄）

118 国槐带化病

病原：植原体 MLO。

分布范围：国槐种植区域。

危害：国槐。

症状：属于侵染性病害。国槐生长减缓，枝条扁茎、顶端小叶丛生，并最终发生枯死，嫩枝尖端呈扁平的带状，宽 2~5 cm，长 15~20 cm，有的卷曲向内再向上生长，形成一个大疙瘩，有的扭曲呈钩状生长，酷似一把砍柴刀。病枝上伴有簇生枝及小叶，入冬则脱落，翌年春天在病枝上又萌发出新的簇生枝及小叶，此病状既影响树木生长，又影响绿化美化。

防治方法：

（1）严格检疫，防止带病苗木传入和扩散蔓延。

（2）清除发病较重的国槐，剪除发病较重的枝条。

（3）及时防治传媒昆虫，切断传播链。

(4) 合理修剪,适量负载,增强树势。

国槐带化病(延庆区大榆树镇 - 王雪杰 2023 年 12 月 16 日拍摄)

CHAPTER 08

第八章 有害植物

119 刺果瓜
Sicyos angulatus（Linnaeus）

葫芦科　刺果瓜属

分布范围：北京、辽宁、台湾、四川、云南、山东。

物种危害：刺果瓜可攀附到高 20 m 以上的邻近树木上，造成覆盖植物死亡；可借助邻近树木向外扩展达 25 m，使其他植物因缺光或受压死亡，并形成单一群落。另外，刺果瓜还能通过分泌化感物质抑制"土著"植物的生长，从而形成单优群落，影响当地植物的多样性和生态平衡。

刺果瓜攀爬能力强，生长扩展速度快，种子量大、繁殖力极强，全体被白色糙硬毛和短刚毛。刺果瓜茎长一般 5 m 左右，长者可达 10 m 以上。茎上有槽棱，密被长柔毛。茎节上生卷须，卷须密被白色长柔毛。卷须通常 3~5 裂。叶片形状似黄瓜叶，长和宽近等长，通常 3~5 裂；叶片两面微粗糙，被短柔毛，叶缘具尖细的短齿。

花为单性花，雌雄同株，花冠为黄绿色，花冠 5 裂。雄花花序梗较长，排成总状花序或头状聚伞花序，花冠上有绿色脉纹；雌花聚成头状花序，花序梗较短，花冠也是 5 裂，具绿色脉纹，柱头 3 裂。

果实为浆果，一般是多枚果实聚成球状，成熟时干燥不开裂；瓜的形状像南瓜籽，略扁，有瘤状突起，且布满长刺；每一个小果里面都有 1 粒种子，种子呈椭圆形或近圆形，比较扁平。

危害：玉米、大豆、果树及其他农作物，在田间与作物竞争水分、光照、矿质营养及生存空间。

防治方法：

（1）春季拔苗，在 4 月中旬至 5 月中旬刺果瓜的幼苗萌发期，采取人工分批拔除，可从根本上杜绝其传播。

（2）夏季剪秧，在刺果瓜的生长旺期，可采取剪秧的办法阻止根部营养供应，从而控制其生长。

（3）秋季烧果，在刺果瓜果实成熟之前，可将果实收集起来，用火烧处理，控制其繁殖和传播。

刺果瓜（延庆区黄柏寺 –2016 年 9 月 17 日拍摄）

120 菟丝子
Cuscuta chinensis (Lam.)

旋花科　菟丝子属

分布范围：全国大部分地区。

形态特征：一年生寄生草本。茎缠绕，黄色，纤细，直径约 1 mm，无叶；花序侧生，少花或多花簇生成小伞形或小团伞花序，近于无总花序梗；苞片及小苞片小，鳞片状；花梗稍粗壮，长仅 1 mm；花萼杯状，中部以下连合，裂片三角状，长约 1.5 mm，顶端钝；花冠白色，壶形，长约 3 mm，裂片三角状，卵形，顶端锐尖或钝，向外反折，宿存；雄蕊着生花冠裂片弯缺微下处；鳞片长圆形，边缘长流苏状；子房近球形，花柱 2 枚，等长或不等长，柱头球形。蒴果球形，直径约 3 mm，几乎全为宿存的花冠所包围，成熟时整齐地周裂。种子 2~49 枚，淡褐色，卵形，长约 1 mm，表面粗糙。

危害：菟丝子的寄生范围较广，可寄生于豆科、茄科、蔷薇科、无患子科等许多科的木本和草本植物。

菟丝子（延庆区康庄 –2010 年 8 月 13 日拍摄）

防治方法：

（1）加强栽培管理。结合苗圃和花圃管理，于菟丝子种子未萌发前进行中耕深埋，使之不能发芽出土（一般埋于 3 cm 以下便难于出土）。

（2）人工铲除。春末夏初检查苗圃和花圃，一经发现立即铲除，或连同寄生受害部分一起剪除，由于其断茎有发育成新株的能力，故剪除必须彻底，剪下的茎段不可随意丢弃，应晒干并烧毁，以免再传播。在菟丝子发生普遍的地方，应在种子未成熟前彻底拔除，以免成熟种子落地，增加翌年侵染源。

121 曼陀罗
Datura stramonium (Linnaeus)

茄科　曼陀罗属

分布范围： 中国各地均有分布。

形态特征： 曼陀罗草本或半灌木状，高 0.5~1.5 m，全体近于平滑或在幼嫩部分被短柔毛。茎粗壮，圆柱状，淡绿色或带紫色，下部木质化。曼陀罗叶为广卵形，顶端渐尖，基部不对称楔形，边缘有不规则波状浅裂，裂片顶端急尖，有时亦有波状牙齿，侧脉每边 3~5 条，直达裂片顶端，长 8~17 cm，宽 4~12 cm；叶柄长 3~5 cm。曼陀罗花单生于枝杈间或叶腋，直立，有短梗；花萼筒状，长 4~5 cm，筒部有 5 棱角，两棱间稍向内陷，基部稍膨大，顶端紧围花冠筒，5 浅裂，裂片三角形，花后自近基部断裂，宿存部分随果实而增大并向外反折；花冠漏斗状，下半部带绿色，上部白色或淡紫色，檐部 5 浅裂，裂片有短尖头，长 6~10 cm，檐部直径 3~5 cm；雄蕊不伸出花冠，花丝长约 3 cm，花药长约 4 mm；子房密生柔针毛，花柱长约 6 cm。蒴果直立生，卵状，长 3~4.5 cm，直径 2~4 cm，表面生有坚硬针刺或有时无刺而近平滑，成熟后淡黄色，规则 4 瓣裂。曼陀罗种子为卵圆形，稍扁，长约 4 mm，黑色。花期 6—10 月，果期 7—11 月。

防治方法： 曼陀罗全草有毒，以果实特别是种子毒性最大，嫩叶次之，干叶的毒性比鲜叶小。曼陀罗中毒，一般在食后 30 分钟，最快 20 分钟出现症状，最迟不超过 3 小时，症状多在 24 小时内消失或基本消失，严重者在 24 小时后进入昏睡、痉挛、紫绀，最后昏迷死亡。曼陀罗中毒后，应立刻用 0.1% 的高锰酸钾溶液或 1%~6% 的鞣酸洗胃，然后内服氧化镁、木炭末或通用解毒剂（活性炭 2 份、氧化镁 1 份、鞣酸 1 份），也可用盐类泻剂灌服，同时静脉注射葡萄糖溶液，以促进毒物的排出。

曼陀罗（延庆区大浮坨 –2004 年 7 月 15 日拍摄）

122 槲寄生
Viscum coloratum (Kom.)

檀香科　槲寄生属

分布范围：全国除新疆、西藏、云南、广东外的大部分地区。

形态特征：灌木，高 0.3~0.8 m；茎、枝均圆柱状，二歧或三歧、稀多歧地分枝，节稍膨大，小枝的节间长 5~10 cm，粗 3~5 mm，干后具不规则皱纹。叶对生，稀 3 枚轮生，厚革质或革质，长椭圆形至椭圆状披针形，长 3~7 cm，宽 0.7~1.5（~2）cm，顶端圆形或圆钝，基部渐狭；基出脉 3~5 条；叶柄短。雌雄异株；花序顶生或腋生于茎叉状分枝处；雄花序聚伞状，总花梗几无或长达 5 mm，总苞舟形，长 5~7 mm，通常具花 3 朵，中央的花具 2 枚苞片或无；雄花；花蕾卵球形，长 3~4 mm，萼片 4 枚，卵形；花药椭圆形，长 2.5~3 mm。雌花序聚伞式穗状，总花梗长 2~3 mm 或几无，具花 3~5 朵，顶生的花具 2 枚苞片或无，交叉对生的花各具 1 枚苞片；苞片阔三角形，长约

1.5 mm，初具细缘毛，稍后变全缘；雌花；花蕾长卵球形，长约 2 mm；花托卵球形，萼片 4 枚，三角形，长约 1 mm；柱头乳头状。果球形，直径 6~8 mm，具宿存花柱，成熟时淡黄色或橙红色，果皮平滑。花期 4—5 月，果期 9—11 月。

槲寄生（延庆区红果寺 -2004 年 9 月 22 日拍摄）

槲寄生（延庆区红果寺 -2004 年 8 月 30 日拍摄）

槲寄生（延庆区红果寺 -2004 年 9 月 22 日拍摄）

参考文献

蔡岩萍，2015. 冠瘿病在宁夏地区发生与防治 [J]. 宁夏农林科技，56（6）:24-25.

蔡兆炜，邱学杰，郭韦韦，2016. 国槐烂皮病的病原菌鉴定及其防治措施 [J]. 天津农林科技（5）:10-12.

曹江峰，林常松，吴凤义，等，2011. 榆近脉三节叶蜂生物学研究与防治试验初报 [J]. 中国森林病虫，30（6）:18-20.

常茹，程雪峰，和晓科，等，2017. 杨树炭疽病和煤污病的发生与防治 [J]. 现代农村科技（5）:35.

崔永，王维升，屈年华，2010. 危害刺槐林的家茸天牛生物学特性观察及防治 [J]. 吉林农业（12）:119.

崔志军，欧阿力别克·巴依朱马，夏力哈尔·努尔旦别克，2023. 白蜡窄吉丁综合防治技术 [J]. 农村科技（6）:38-40.

党英杰，2008. 柳厚壁叶蜂的综合防治 [J]. 河北农业科技（15）:23.

党志红，安静杰，刘浩升，等，2021. 苜蓿盲蝽绿色防控技术应用效果 [J]. 中国植保导刊，41（11）:39-41.

邸济民，任国栋，2021. 河北昆虫生态图鉴（上卷）[M]. 北京：科学出版社.

邸济民，任国栋，2021. 河北昆虫生态图鉴（下卷）[M]. 北京：科学出版社.

丁昌萍，张雅林，2016.4 种蝴蝶雄性生殖系统形态学研究 [J]. 西北农林科技大学学报（自然科学版），44（11）:178-186.

杜德意，刘畅，金继良，等，2021. 薄壳山核桃芳香木蠹蛾生物学特性及防治对策 [J]. 绿色科技，23（3）:74-75.

樊会文，2001. 苹桧锈病的危害及防治 [J]. 中国森林病虫（S1）:33.

高士武，2012. 北京平原地区林业有害生物 [M]. 哈尔滨：东北林业大学出版社.

高有贵，马焕焕，2024. 枣树枣疯病防治措施 [J]. 河北农机（9）:70-72.

韩福生，徐廷英，吴继琴，2004. 桦天幕毛虫的防治 [J]. 河北林业（4）:32.

胡金玉，2003. 花椒凤蝶的生物学特性与防治方法研究 [J]. 甘肃农业科技（4）:50.

姜磊，刘娜，姚国胜，等，2020. 榛黄达瘿蚊的发生规律及防治方法 [J]. 现代农村科技（6）:36.

金志芳，刘凤林，丽梅，等，2017. 乌兰察布市后山地区芳香木蠹蛾东方亚种防治技术 [J]. 内蒙古林业（8）:12-13.

赖淑丽，赖淑艳，2020. 杨雪毒蛾的生物学习性及其近缘种的中—拉名称订正与鉴别 [J]. 现代农业科技（20）:106-107.

李锋，刘亚佳，刘晓丽，等，2024. 枸杞负泥虫幼虫龄数、蜕皮过程及其蜕皮壳观察 [J]. 西北园艺（果树）（2）:74-77.

李桂秀，林开金，1992. 北京枝瘿象虫研究初报 [J]. 四川农业大学学报（2）:361-368.

李杰，2016. 北京市怀柔区杨潜叶跳象防治技术研究与应用 [J]. 河南农业（8）:50-51.

李艳山，凌继华，张国强，等，2009. 落叶松腮扁叶蜂发生特点及其防治技术 [J]. 安徽农学通报（下半月刊），15（12）:150-151.

李永刚，武星煜，2020. 天水市榆红胸三节叶蜂生物学特性及天敌 [J]. 甘肃林业科技，45（4）:39-42.

林健，孙超，2024. 枣疯病的发生规律及防治 [J]. 烟台果树（1）:47-48.

刘少丹，张孔英，霍璇璇，2024. 菟丝子寄生牡丹的危害与防治 [J]. 中国花卉园艺（4）:52-54.

刘文强，覃建国，2017. 柳厚壁叶蜂发生规律及防治措施 [J]. 农村科技（4）:26-27.

刘文汝，冀胜鑫，甄志先，2022. 感染国槐带化病植株内源激素及转录组分析 [J]. 林业科学研究，35（1）:141-149.

马彦梅，2016. 落叶松腮扁叶蜂发生特点及其防治技术 [J]. 农技服务，33（12）:106.

牛静，2012. 柳厚壁叶蜂的发生及防治 [J]. 现代农村科技（11）:26.

潘彦平，闫国增，王金利，等，2007. 漆黑污灯蛾生物学特性研究初报 [J]. 中国森林病虫（6）:5-6.

钱学聪，魏焕志，1994. 中国蛇眼蝶属一新亚种记述（鳞翅目：眼蝶科）[J]. 昆虫分类学报（1）:60-62.

史红强，王小姣，2010. 十四点负泥虫生物学特性及防治研究现状 [J]. 吉林农业（5）:35，104.

宋开艳，2023. 喀什地区枣树黄刺蛾的危害规律及防治措施 [J]. 新疆林业（1）:42-43.

孙丽，2023. 食叶害虫落叶松尺蛾的发生及防治 [J]. 现代农村科技（11）:38.

孙茹，2022. 三峡坝区黄杨绢野螟发生规律及防治方法 [J]. 现代园艺，45（19）:98-100.

孙淑萍，盛茂领，2006. 寄生刺槐绿虎天牛的姬蜂并记述一新种（膜翅目，姬蜂科）[J]. 动物分类学报（3）:634-636.

覃建国，牛玉玲，马其，2023. 光肩星天牛发生规律及综合防治措施 [J]. 农村科技（6）:35-37.

陶万强，关玲，2017. 北京林业有害生物 [M]. 哈尔滨：东北林业大学出版社.

汪跃，金开璇，1992. 国槐带化病中发现类菌原体（MLO）[J]. 林业科学研究（1）:109–110，126.

王爱平，2018. 秋四脉绵蚜的生物学特征研究 [J]. 现代农业科技（13）:99–100.

王合，虞国跃，陶万强，等，2013. 落叶松腮扁叶蜂 Cephalcia lariciphila（Wachtl）形态特征及防治对策 [J]. 应用昆虫学报，50（5）:1260–1264.

王荣，安冬梅，刘玉娟，等，2023. 植物根癌病发病规律及防治技术研究进展 [J]. 宁夏农林科技，64（1）:24–29，32.

王世飞，宗世祥，张金桐，等，2012. 栎黄枯叶蛾生物学特性研究 [J]. 山西农业大学学报（自然科学版），32（3）:235–239.

王永军，王善民，2015. 花椒凤蝶不同处理防治效果试验 [J]. 现代农村科技（21）:54–55.

王月军，2023. 草履蚧防治技术 [J]. 农业科技与信息（1）:136–139.

王长民，陆克安，王长月，等，2022. 延庆腮扁叶蜂生物学特性 [J]. 林业科技通讯（8）:67–70.

武星煜，杨亚丽，韩绍芝，2010. 甘肃叶蜂种类调查及分类研究Ⅶ. 叶蜂科潜叶蜂亚科、粘叶蜂亚科、凹颜叶蜂亚科及平背叶蜂亚科属种名录 [J]. 甘肃林业科技，35（2）:9–15.

谢娜，赵永军，郭涛，等，2020. 泰安地区杨潜叶跳象生物学特性及化学防治 [J]. 中国森林病虫，39（5）:9–13.

徐公天，杨志华，2007. 中国园林害虫 [M]. 北京：中国林业出版社.

徐勇，惠巧红，2017. 杏树杏疔病和细菌性穿孔病的发生与防治 [J]. 现代农村科技（2）:36.

许春桥，郭洪剑，2020. 毛白杨锈病的发生与防治 [J]. 现代农村科技（5）:24.

杨泽鹏，宋振浩，崔洁，等，2023. 杨毒蛾在西藏林芝的生物学特性 [J]. 四川林业科技，44（5）:69–76.

虞国跃，王合，张正好，等，2016. 油松新害虫——黑胫腮扁叶蜂的初步观察 [J]. 植物保护，42（2）:247–250.

虞国跃，王合，朱晓清，等，2014. 北京发现悬铃木方翅网蝽为害 [J]. 植物保护，40（5）:200–202.

虞国跃，王合，2021. 北京林业昆虫图谱（Ⅰ卷）[M]. 北京：科学出版社.

虞国跃，王合，2021. 北京林业昆虫图谱（Ⅱ卷）[M]. 北京：科学出版社.

虞国跃，王合，2021. 北京林业昆虫图谱（Ⅲ卷）[M]. 北京：科学出版社.

虞国跃，2020. 北京甲虫生态图谱 [M]. 北京：科学出版社 .

虞国跃，2018. 十四点负泥虫 *Crioceris quatuordecimpunctata*（Scopoli，1763）[J]. 植物保护，44（1）:44.

袁中伟，2020. 落叶松尺蛾生物学特性与防治方法 [J]. 乡村科技，11（25）:72-73.

张华普，张怡，郭永忠，2021. 杏疔病危害特点和防治措施 [J]. 宁夏农林科技，62（7）:30-31.

张会茹，2009. 草坪锈病的发生与防治 [J]. 现代农村科技（2）:32-33.

张君明，王合，赵连祥，等，2007. 茶翅蝽在生态苹果园的危害和防治策略 [J]. 昆虫知识（6）:898-901.

张收霞，杨超，陈伟，等，2020. 楸树无性系对楸蠹野螟抗性的研究及评价 [J]. 西北林学院学报，35（3）:133-140.

赵峰庚，图强，杨治军，2012. 核桃树芳香木蠹蛾的发生与防治 [J]. 西北园艺（果树）（6）:27.

赵凤菊，秦永辉，郝东田，2023. 外来入侵植物刺果瓜自然生长周期的调查研究 [J]. 农业科技与装备（4）:28-29.

赵亚楠，贺海明，王新谱，2012. 宁夏芫菁种类记述（鞘翅目，芫菁科）[J]. 农业科学研究，33（2）:35-39.

附录 1
延庆区林业有害生物防治时间表

时间	防治对象	防治方法	备注
1月		准备防治物资，制订防治计划	
2月	春尺蠖	缠阻隔胶带防治春尺蠖成虫	
3月	所有虫害 春尺蠖、双条杉天牛、纵坑切梢小蠹、黄褐天幕毛虫、黄栌胫跳甲	越冬基数调查 喷洒无公害药剂防治春尺蠖幼虫；悬挂诱捕器防治双条杉天牛成虫、悬挂诱捕器诱杀纵坑切梢小蠹成虫；人工剪除黄褐天幕毛虫卵块、黄栌胫跳甲卵块	
4月	白蜡窄吉丁、红脂大小蠹、臭椿沟眶象	缠阻隔网防治白蜡窄吉丁成虫、臭椿沟眶象成虫；悬挂诱捕器诱集红脂大小蠹成虫	
5月	槐豆木虱、杨叶甲、红足壮异蝽、国槐尺蠖	悬挂黄色诱虫板诱集槐豆木虱成虫、喷洒无公害药剂防治杨叶甲、红足壮异蝽、国槐尺蠖幼虫	
6月	榆蓝叶甲、白蜡窄吉丁、国槐尺蠖、松梢螟	悬挂黄色诱虫板诱集榆蓝叶甲成虫、悬挂诱捕器防治松梢螟成虫、人工喷雾防治国槐尺蠖幼虫	
7月	双条杉天牛、杨小舟蛾、白蜡卷叶棉蚜、国槐尺蠖、柳毒蛾	释放管式肿腿蜂防治双条杉天牛幼虫，人工喷雾防治国槐尺蠖幼虫，缠阻隔胶带防治柳毒蛾幼虫	
8月	黄连木尺蛾、国槐尺蠖	释放周氏啮小蜂预防美国白蛾蛹，太阳能杀虫灯诱杀成虫，人工喷雾、机动喷雾或人工喷烟防治黄连木尺蛾幼虫	
9月	蚜虫、榆近脉三节叶蜂、柳蓝叶甲、柳树叶斑病	悬挂黄绿色诱虫板诱集榆近脉三节叶蜂、喷洒无公害药剂防治柳蓝叶甲、柳树叶斑病	
10月	榆黄叶甲、红足壮异蝽	喷洒无公害药剂防治榆黄叶甲成虫	
11月	所有虫害	越冬基数调查	
12月		数据汇总，总结	

附录 2

农药使用法规政策

一、安全合理使用农药

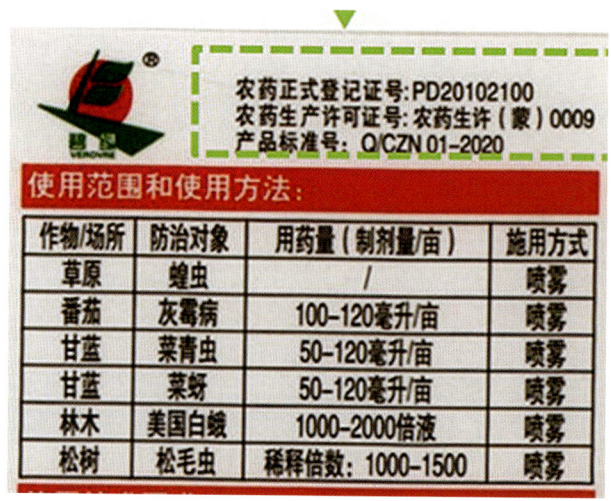

1. 不得购买使用假劣农药

假农药：未依法取得农药登记证的农药、禁用农药、未附标签的农药，按照假农药处理。

劣质农药：超过农药质量保证期的农药，按照劣质农药处理。

2. 不得使用禁用农药

《中华人民共和国农药管理条例》第 60 条规定：农药使用者为单位的，可处 5 万元以上10万元以下罚款；为个人的，可处1万元以下罚款；构成犯罪的，可追究刑事责任。

禁止（停止）使用的农药（56种）

六六六、滴滴涕、毒杀芬、二溴氯丙烷、杀虫脒、二溴乙烷、除草醚、艾氏剂、狄氏剂、汞制剂、砷类、铅类、敌枯双、氟乙酰胺、甘氟、毒鼠强、氟乙酸钠、毒鼠硅、甲胺磷、对硫磷、甲基对硫磷、久效磷、磷胺、苯线磷、地虫硫磷、甲基硫环磷、磷化钙、磷化镁、磷化锌、硫线磷、蝇毒磷、治螟磷、特丁硫磷、氯磺隆、胺苯磺隆、甲磺隆、福美胂、福美甲胂、三氯杀螨醇、林丹、硫丹、溴甲烷、氟虫胺、杀扑磷、百草枯、灭蚁灵、氯丹，2,4-滴丁酯、甲拌磷、甲基异柳磷、水胺硫磷、灭线磷、氧化乐果、克百威、灭多威、涕灭威

注：环境保护部2009年第23号公告增加灭蚁灵、氯丹，溴甲烷可用于"检疫熏蒸处理"。杀扑磷已无制剂登记。甲拌磷、甲基异柳磷、水胺硫磷、灭线磷过渡期至2024年9月1日，过渡期内禁止在蔬菜、瓜果茶叶、菌类、中草药材上使用。氧化乐果、克百威、灭多威、涕灭威自2026年6月1日起禁止销售使用。

在部分范围禁止使用的农药（20种）

通用名	禁止使用范围
甲拌磷、甲基异柳磷、克百威、水胺硫磷、氧乐果、灭多威、涕灭威、灭线磷	禁止在蔬菜、瓜果、茶叶、菌类、中草药材上使用，禁止用于防治卫生害虫，禁止用于水生植物的病虫害防治
甲拌磷、甲基异柳磷、克百威	禁止在甘蔗作物上使用
内吸磷、硫环磷、氯唑磷	禁止在蔬菜、瓜果、茶叶、中草药材上使用
乙酰甲胺磷、丁硫克百威、乐果	禁止在蔬菜、瓜果、茶叶、菌类和中草药材上使用
毒死蜱、三唑磷	禁止在蔬菜上使用
丁酰肼（比久）	禁止在花生上使用
氰戊菊酯	禁止在茶叶上使用
氟虫腈	禁止在所有农作物上使用（玉米等部分旱田种子包衣除外）
氟苯虫酰胺	禁止在水稻上使用

3. 不得使用剧毒、高毒农药

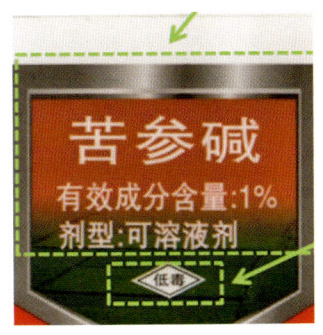

4. 不得超范围、超剂量使用农药

《中华人民共和国农药管理条例》第34条规定：农药使用者应当严格按照农药的标签标注的使用范围、使用方法和剂量、使用技术要求和注意事项使用农药，不得扩大使用范围、加大用药剂量或者改变使用方法。

登记在甘蓝上的农药不能用于林业。

5. 不得超过安全间隔期使用农药（针对果树、林下经济）

《中华人民共和国农药管理条例》第34条规定：标签标注安全间隔期的农药，在农产品收获前应当按照安全间隔期的要求停止使用。

6. 配药、用药过程要做好防护

农药使用单位必须将人的生命健康安全放到首位，做好人员安全防护，降低健康损害风险。作业人员要高度重视自身安全，按照要求佩戴防护用具，在工作中严禁吸烟、饮酒、饮水、进食，不得用手擦拭面部，不得用嘴吹堵塞的喷头，避免过度劳累和长时间接触农药引发中毒事故。

配药用药要求

穿戴防护用品 → 选择低毒环保药剂 → 计算用药量

冲洗容器远离水源、住所、作物 ← 稀释药液 ← 量取所需剂量

7. 不得在饮用水水源保护区、河道内使用农药、丢弃农药、农药包装物或者清洗施药器械

《中华人民共和国农药管理条例》第35条规定：农药使用者应当保护环境，保护有益生物和珍稀物种，不得在饮用水水源保护区、河道内丢弃农药、农药包装物或者

清洗施药器械。严禁在饮用水水源保护区内使用农药，严禁使用农药毒鱼、虾、鸟、兽等。

8. 提高打药环节的农药利用率和安全作业水平

选用内置混药构件的车载高射程风送式喷雾机等先进防治设备，相应产品应符合质量、安全等管理要求和技术标准。确保安全作业，保障人员安全、设备安全。

作业前应当检查、校准施药设备，加注药液时，确保药液干净，防止喷头堵塞，作业结束后，及时清洗、保养施药设备，防止农药腐蚀或凝固堵塞喷头。在城区、道路、公园等地使用防治设备时，应当做好车辆、设备清洁，确保外观整洁、无异味。防治设备应当严格按照产品说明保管存放、保养。

9. 科学使用生物和物理防治产品

积极选用生物和物理防治产品，减少化学农药用量，同时也要注意生物和物理产品的科学使用，避免浪费或产生负面作用。

生物源农药、天敌通常具有特殊的储存、使用条件，要按照说明储存、使用，防止失效。黏虫板主要用于监测、调查虫情，避免误伤有益昆虫和野生动物。鼓励采用虫情测报灯等设备监测、调查虫情，不得滥用，以免大量杀伤非目标昆虫。诱捕器应当根据产品说明悬挂，正确使用、更换和保存诱芯（引诱剂），定期清理昆虫尸体和积水。可以以诱捕器为宣传载体，开展宣传活动。胶带围环主要用于监测和防治草履蚧、春尺蠖、舞毒蛾等具有上下树习性的害虫。以防治为目的使用胶带围环时，必须配合除治措施。鼓励优先选用可降解材质的制品，并以围环为宣传载体，开展宣传活动。

二、妥善处理农药包装废弃物

农药使用单位负责收集并妥善保管废液、废旧农药瓶、包装袋等农药包装废弃物，严禁丢弃、掩埋和私自焚烧，在防治作业结束后主动交由农药经营者、生产者或专业机构回收处理，并建立农药废弃物收集、保管、移送记录，严防废弃物流失。

> **规范处置农药包装废弃物**

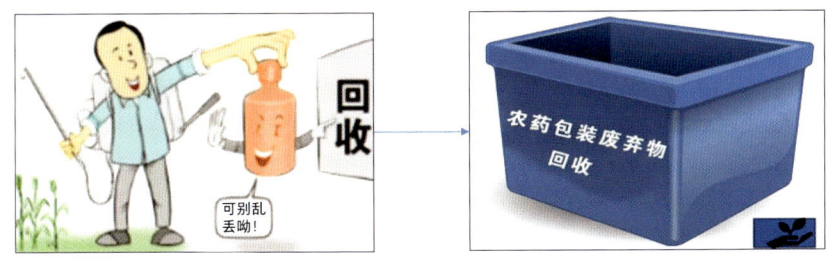

鼓励由农药生产销售企业回收农药包装废弃物，农药采购单位应在合同中约定回收义务，或者交由专业机构回收处理。

三、认真开展农药使用记录

自 2023 年 8 月 1 日起，按照文件规定式样开展农药使用记录，也可根据管理需求，在此基础上增加记录要素。

按照"谁使用、谁记录"的要求，如实记录、保存、上报农药使用情况，严禁编造农药使用记录、违规使用农药或掩埋、焚烧、丢弃农药包装废弃物。

农药入库、使用或包装废弃物移交以后，均要在 2 个工作日内完成记录。法规规定农药使用记录档案应当保存不少于 2 年。

农药入库记录表

农药名称（由含量-有效成分-剂型组成）	生产厂家名称	毒性	生产日期	农药登记证号	农药来源（采购或调拨）	农药销售企业名称或调拨单位名称	包装规格	入库数量（袋、瓶）	入库时间	农药总量（千克）	记录人签字
例：1%苦参碱可溶液剂	北京***有限公司	低毒	2023年1月12日	PD201021*0	采购	北京***农药销售有限公司	500毫升/瓶	20瓶	2023年6月1日	10千克	****
例：15%三唑酮可湿性粉剂	北京***农药有限公司	低毒	2023年1月12日	PD202021*0	调拨	北京***区园林绿化局***科	5克/袋	2000袋	2023年6月1日	10千克	****

北京市园林绿化局制（2023 版）

农药名称、生产厂家名称、毒性、生产日期、农药登记证号：按照农药瓶（袋）上的标签填写。

包装规格：按照包装物类型（农药多为瓶装或袋装）和标签标注的含量填写，如 500 毫升 / 瓶、100 毫升 / 瓶、50 毫升 / 瓶、100 克 / 袋、50 克 / 袋、5 克 / 袋等。

农药总量：农药标签标注的净含量单位通常为克、千克、毫升、升。核算中，按照 1 000 克 =1 千克、1 000 毫升 ≈ 1 千克、1 升 ≈ 1 千克，将单位统一换算为千克。

农药使用记录表

使用日期（*年*月*日）	农药名称（由含量-有效成分-剂型组成）	作业地块	主要植物	防治对象	作业面积（亩）	农药用量（千克）	使用人签字
例：2023年6月5日	1%苦参碱可溶液剂	***公园**标段	海棠、月季	美国白蛾	5亩	5千克	****
例：2023年6月5日	15%三唑酮可湿性粉剂	***公园**标段	海棠、月季	白粉病	5亩	5千克	****

北京市园林绿化局制（2023版）

主要植物：根据实际情况填写，超过3种的，只描述3种主要植物，可填写如杨树、油松、侧柏等。

防治对象：根据实际情况填写，超过3种防治对象的，只描述3种主要防治对象，格式同上。

作业面积：根据实际情况填写。绿地、公园按照667平方米≈1亩将面积换算为亩。古树、大树按照规格将株数折算为面积。

农药用量：此处农药用量是指未加水混配时的农药商品量，填写××千克。克、毫升、升换算为千克的方式同《农药入库登记表》说明。

废弃包装物数量：填写农药包装废弃物的数量，如10瓶或1 000袋。

回收单位名称：填写回收农药包装废物的单位名称，如农药销售企业等。回收渠道应当有相关合同约定或证明材料，建议在采购合同中规定由销售方进行回收处理。

农药包装废弃物处理记录表

农药名称	生产厂家名称	包装规格	包装废弃物数量（袋、瓶）	回收单位名称	回收日期（*年*月*日）	记录人签字
1%苦参碱可溶液剂	北京***有限公司	500毫升/瓶	10瓶	北京***农药销售有限公司	2023年6月10日	****
15%三唑酮可湿性粉剂	北京***农药有限公司	5克/袋	1000袋	北京***农药销售有限公司	2023年6月10日	****

北京市园林绿化局制（2023版）

四、规范管理农药库房

鼓励签订预购合同或代存合同，委托农药经销企业或专业仓储管理企业负责农药贮存、管理，降低管护单位的安全生产风险。

农药库房应当根据GB 12475《农药贮运、销售和使用的防毒规程》要求建设，农药库房不能与生活区、居住区混用，或贮存食品、种子、饲料、日用品及易燃易爆物品等；应当具备防风、防雨、防潮条件和防盗窗、防盗门等防盗措施，防止人畜误碰、误食、误用等引发安全生产事故；应当配备消防器材（灭火器、水桶、沙袋等）、肥皂、清水、急救药物等，贮存量较大时要配备猫砂等吸水材料，用于清理泄漏的农药；库房应当设置警告牌，严禁在现场吸烟或使用明火。

附录 3
重点林业有害生物防控工作概况

一、重点虫害的防控工作

根据北京市延庆区林业有害生物发生特点，确定重点虫种有春尺蠖、国槐尺蠖、美国白蛾、松材线虫病。

1. 春尺蠖的防治措施

春尺蠖为害杨树、柳树，啃食树叶，幼虫为害一年1代，4月下旬大量暴发。雌成虫无翅膀，必须爬到树上产卵。

（1）胶带阻隔法防治春尺蠖

时间标准：每年1月15日到2月25日为防治作业期。太早胶带易破，影响防治效果。太晚虫已上树。最晚也不能超过2月28日。

高度标准：100～130 cm。

胶带标准：宽度20 cm，最低12 cm，太窄虫可以爬过。颜色无要求。尽量厚一些，不易撕断。

（2）无公害化学防治

缠好胶带后，随时观察胶带附近成虫阻隔情况，如果发现胶带下方成虫较多，可以喷洒苦参碱进行杀灭。

如果发现虫体过多，有部分成虫越过胶带，可于4月25日左右在杨树林间释放苦参碱烟剂进行防治。

2. 国槐尺蠖的防治措施

国槐尺蠖主要在5月至8月发生，一年发生4代，使国槐的新梢和叶片严重受损，导致国槐的光合作用下降和干旱的耐受减弱，进而引起树木萎蔫、生长缓慢。

（1）物理防治

清除虫源：于3月下旬，在国槐树下挖蛹，收集蛹后集中销毁。

（2）无公害化学防治

一年4代，都可进行防治，其中第一代是防控的重点。加强监测，随时了解国槐尺蠖的发生情况，可于5月下旬，喷洒苦参碱、高效氯氰菊酯进行防治。两种药剂要交替使用。如果发生严重，可于7月再防治一次。

3. 美国白蛾防控措施

（1）监测美国白蛾成虫、幼虫及网幕

设置美国白蛾监测点，于5月5日前悬挂信息素诱捕器监测美国白蛾成虫，发现疑似成虫及时上报延庆区园林绿化局，由技术人员进行鉴定，发现美国白蛾成虫后，及时采取防控措施。

设置巡查线路，于5月到10月，沿巡查路线每15天巡查一次，发现美国白蛾幼虫及网幕及时采取除治措施。

（2）预防美国白蛾老熟幼虫及蛹

分别于6月下旬及8月下旬，在诱集到美国白蛾的地区释放周氏啮小蜂进行预防。

4. 松材线虫病的防控工作

（1）严防传播媒介

在油松的林地内设立松墨天牛监测点，每个监测点内设置松墨天牛诱捕器。于5月初开始，每隔2天调查一次，到10月底结束，调查中发现天牛及时送至当地林业检疫部门进行鉴定及检疫。

（2）寄主植物调查

在松林集中的地区设立踏查线路。从4月开始到10月结束，每15天调查一次。通过调查初步掌握油松的受害情况，如发现油松死因不明，随即开展采样并送检。

（3）加强检疫检查

对调入的松科植物及其制品等进行检疫检查。

5. 刺吸类林业有害生物防控要点

加强对各种树木的监测，发生量比较小时，就需采取防治措施，不要等到大发生才开始防治。在发生量不大，不需要喷药的时期，可以释放异色瓢虫卵卡，利用异色瓢虫幼虫及成虫捕食刺吸类害虫的习性，防治害虫。在木虱、蚜虫的成虫期可以悬挂黄绿色诱虫板诱集带翅膀的成虫。在发生量比较大的时期，可以用吡虫啉、啶虫脒交替使用，稀释1 000倍喷雾进行防治。

6. 梨桧锈病的防治措施

（1）隔离转主寄主。有苹果树、梨树的地方不栽植桧柏类的针叶树，两者距离5 km。

（2）3月下旬在桧柏树上喷洒3～5°Bé 石硫合剂。

（3）在4月下旬(梨萌芽期)开始喷第1次药，以后每隔10天左右喷1次，连续喷3次，雨水多的年份应适当增加喷药次数。

二、物理防治方法

1. 悬挂信息素诱捕器防治

3月悬挂诱捕器可以防治双条杉天牛、纵坑切梢小蠹等害虫。6月悬挂诱捕器可以防治松梢螟。

2. 设置阻隔网防治

5月对洋白蜡围阻隔网防治白蜡窄吉丁。5月对臭椿围阻隔网防治臭椿沟眶象。

3. 悬挂有色板防治

5月悬挂黄色诱虫板诱集槐豆木虱。6月悬挂黄色诱虫板诱集榆蓝叶甲。7月悬挂黄绿色诱虫板诱集榆近脉三节叶蜂。

三、生物防治方法

7月释放管式肿腿蜂防治天牛。8月释放蠋蝽防治黄连木尺蛾。

中文索引

B

白钩蛱蝶 68
白蜡窄吉丁 91
白杨透翅蛾 44
扁刺蛾 103

C

草地螟（网锥额野螟） 98
草履蚧 32
草坪锈病 139
樗蚕蛾 127
春尺蛾（春尺蠖） 38
刺果瓜 152
刺槐叶瘿蚊 80
刺槐掌舟蛾 87

D

大红蛱蝶 70
大黄枯叶蛾（栎黄枯叶蛾、黄绿枯叶蛾） 126
大造桥虫 109
盗毒蛾 117

G

冠瘿病（根癌病） 145
光肩星天牛 19
国槐尺蛾 84
国槐带化病 148

H

褐边绿刺蛾 105
黑跗曲波萤叶甲 93
黑胫腮扁叶蜂 14
黑绒金龟（东方绢金龟） 18
红脂大小蠹 2
红足壮异蝽 50
槲寄生 155
花椒凤蝶（柑橘凤蝶、橘黄凤蝶） 131
槐豆木虱 82
槐蚜 81
槐羽舟蛾 86
黄刺蛾 102
黄钩蛱蝶 69
黄褐箩纹蛾 130
黄褐天幕毛虫 125
黄连木尺蛾 36
黄栌白粉病 138
黄栌胫跳甲（黄栌直缘跳甲、黄点直缘跳甲） 94
黄栌枯萎病 146
黄杨绢野螟 99

J

角斑台毒蛾 116

L

梨卷叶象（梨金象） 25
梨娜刺蛾 106
梨星毛虫 97
栎纷舟蛾 114
栎长颈象 96

栎掌舟蛾　113
柳毒蛾（杨雪毒蛾）　45
柳厚壁叶蜂　34
柳蓝叶甲（柳圆叶甲）　21
柳丽细蛾　43
柳蜷叶蜂　33
柳十八斑叶甲（柳十八星叶甲／柳九星叶甲）　22
落叶松尺蛾　75
落叶松毛虫　76
落叶松球蚜　72
落叶松腮扁叶蜂　74
落叶松叶蜂　73
绿尾大蚕蛾　129

M
曼陀罗　154
毛白杨锈病　141
毛白杨皱叶瘿螨　29
美国白蛾　120

N
呢柳刺皮瘿螨　31
女贞尺蛾　111

P
苹桧锈病　136
苹掌舟蛾　115
葡萄十星叶甲（十星瓢萤叶甲）　92

Q
漆黑污灯蛾　122
青杨天牛（青杨楔天牛）　19
秋四脉绵蚜　51

S
桑剑纹夜蛾　124
桑褶翅尺蛾　112

山楂绢粉蝶（绢粉蝶）　130
双条杉天牛　90
丝带凤蝶　133
丝棉木金星尺蛾　108
松梢螟（微红梢斑螟）　9
松梢象（松黄星象）　7
松树皮象　8
松阴吉丁　4
松幽天牛　6

T
桃剑纹夜蛾　123
菟丝子　153

W
舞毒蛾　119

X
小灰长角天牛　6
杏疔病　142
锈色粒肩天牛　83

Y
延庆腮扁叶蜂　12
杨扁角叶蜂　35
杨柄叶瘿绵蚜　28
杨毒蛾（柳雪毒蛾、雪毒蛾）　47
杨二尾舟蛾（柳二尾舟蛾）　42
杨枯叶蛾（杨褐枯叶蛾）　48
杨潜叶跳象　26
杨扇舟蛾　41
杨树溃疡病　144
杨树炭疽病　137
杨小舟蛾　39
杨叶甲　23
杨枝瘿绵蚜　29
油松毛虫　10

榆斑蛾　59

榆凤蛾　55

榆红胸三节叶蜂　53

榆黄毛萤叶甲（榆黄叶甲）　64

榆黄足毒蛾（榆毒蛾）　56

榆剑纹夜蛾　58

榆近脉三节叶蜂　52

榆绿毛萤叶甲（榆蓝叶甲）　63

榆绿天蛾　61

榆锐卷叶象　67

榆跳象　66

榆掌舟蛾　60

榆紫叶甲　65

Z

枣疯病　147

折带黄毒蛾　57

中国绿刺蛾　104

中华萝藦叶甲　95

缀叶丛螟　100

纵带球须刺蛾　107

纵坑切梢小蠹　3

拉丁文索引

A

Abraxas suspecta Warren　108

Acanthocinus griseus (Fabricius)　6

Acronicta hercules (Felder & Rogenhofer)　58

Acronicta intermedia (Warren)　123

Acronycta major (Bremer)　124

Actias selene ningpoana Felder　129

Aculops niphocladae Keifer　31

Adelges laricis Vallot　72

Agrilus planipennis Fairmaire　91

Amauronematus saliciphagus Wu　33

Ambrostoma quadriimpressum (Motschulsky)　65

Anoplophora glabripennis (Motschulsky)　19

Aphis sophoricola Zhang　81

Apocheima cinerarius Erschoff　38

Aporia crataegi (Linnaeus)　130

Apriona swainsoni (Hope)　83

Aproceros leucopoda Takeuchi　52

Arge captiva (Smith)　53

Ascotis selenaria (Denis et Schiffermüller)　109

Asemum striatum (Linnaeus)　6

B

Brahmaea certhia Fabricius　130

Byctiscus betulae (Linnaeus)　25

C

Callambulyx tatarinovi (Bremer et Grey)　61

Caloptilia chrysolampra (Meyrick)　43

Cephalcia lariciphila (Wachtl)　74

Cephalcia nigrotibialis Wei　14

Cephalcia yanqingensis Xiao　12

Cerura menciana Moore　42

Chrysochus chinensis Baly　95

Chrysomela populi (Linnaeus)　23

Chrysomela salicivorax (Fairmaire)　22

Clostera anachoreta (Fabricius)　41

Cnidocampa favescens (Walker)　102

Culcula panterinaria (Bremer et Grey)　36

Cuscuta chinensis (Lam.)　153

Cyamophila willieti (Wu)　82

D

Datura stramonium (Linnaeus)　154

Dendroctonus valens Le Conte　2

Dendrolimus superans (Butler)　76

Dendrolimus tabulaeformis Tsai et Liu　10

Diaphania perspectalis (Walker)　99

Dioryctria rubella Hampson　9

Doryxenoides tibialis Laboissière　93

Drosicha corpulenta (Kuwana)　32

E

Epicopeia mencia Moore   55

Erannis ankeraria (Staudinger)   75

Eriophyes disoar Nalepa   29

Euproctis flava (Bremer)   57

F

Fentonia ocypete (Bremer)   114

G

Gastropacha populiolia Esper   48

H

Hylobitelus haroldi Faust   8

Hyphantria cunea (Drury)   120

I

Illiberis pruni Dyar   97

Illiberis ulmivora Graeser   59

Ivela ochropoda (Eversmann)   56

L

Leucoma candida (Staudinger)   45

Leucoma salicis (Linnaeus)   47

Locastra muscosalis (Walker)   100

Loxostege sticticalis (Linnaeus)   98

Lymantria dispar (Linnaeus)   119

M

Malacosoma neustria testacea
    Motschulsky   125

Maladera orientalis (Motschulsky)   18

Micromelalopha sieversi (Staudinger)   39

N

Narosoideus flavidorsalis
    (Staundinger)   106

Naxa seriaria (Motschulsky)   111

O

Obolodiplosis robiniae (Haldemann)   80

Oides decempunctata (Billberg)   92

Ophrida xanthospilota Baly   94

Orchestes alni (Linnaeus)   66

P

Papilio xuthus (Linnaeus)   131

Paracycnotrachelus chinensis (Jekel)   96

Paranthrene tabaniformis (Rottemburg)   44

Parasa consocia Walker   105

Parasa sinica Moore   104

Pemphigus immunis Buckton   29

Pemphigus matsumurai Monzen   28

Phaenops yin Kubáň & Bíly   4

Phalera assimilis (Bremer & Grey)   113

Phalera favescens (Bremer & Grey)   115

Phalera grotei (Moore)   87

Phalera takasagoensis (Matsumura)   60

Philosamia cynthia Walker et Felder   127

Pissodes nitidus Roelofs   7

Plagiodera versicolora (Laicharting)   21

Polygonia c-album (Linnaeus)   68

Polygonia c-aureum (Linnaeus)   69

Pontania bridgmannii Cameron   34

Porhesia similis (Fueszly)   117

Pristiphora erichsonii (Hartig)   73

Pterostoma sinicum (Moore)   86

Pyrrhalta aenescens (Fairmaire)   63

Pyrrhalta maculicollis (Motschulsky)   64

S

Saperda populnea (Linnaeus)   19

Scopelodes contracta Walker   107

Semanotus bifasciatus (Motschulsky)   90

Semiothisa cinerearia (Bremer & Grey)   84

Sericinus montela Gray   133

拉丁文索引

Sicyos angulatus (Linnaeus) 152
Spilarctia infernalis (Butler) 122
Stauronematus compressicornis (Fabricius) 35

T
Tachyerges empopulifolis (Chen) 26
Teia gonostigma (Linnaeus) 116
Tetraneura akinire Sasaki 51
Thosea sinensis (Walker) 103
Tomapoderus ruficollis Fabricius 67

Tomicus piniperda (Linnaeus) 3
Trabala vishnou gigantina Yang 126

U
Urochela quadrinotata Reuter 50

V
Vanessa indica (Herbst) 70
Viscum coloratum (Kom.) 155

Z
Zamacra excavata (Dyar) 112